翘嘴红鲌实用养殖技术

编著者

占家智　羊　茜

金盾出版社

内 容 提 要

本书由安徽省天长市农业委员会渔业局专家精心编著。内容包括:翘嘴红鲌的生物学特性,翘嘴红鲌的繁殖,翘嘴红鲌的苗种培育,翘嘴红鲌的成鱼养殖,翘嘴红鲌的饲料与投喂,翘嘴红鲌的疾病防治等。语言通俗易懂,内容科学实用,技术可操作性强,适合广大养殖户以及农业院校相关专业师生阅读参考。

图书在版编目(CIP)数据

翘嘴红鲌实用养殖技术/占家智,羊茜编著.—北京:金盾出版社,2009.9

ISBN 978-7-5082-5939-0

Ⅰ.翘… Ⅱ.①占…②羊… Ⅲ.红鲌属—淡水养殖 Ⅳ.S965.123

中国版本图书馆 CIP 数据核字(2009)第 137665 号

金盾出版社出版、总发行

北京太平路 5 号(地铁万寿路站往南)

邮政编码:100036 电话:68214039 83219215

传真:68276683 网址:www.jdcbs.cn

封面印刷:北京凌奇印刷有限责任公司

正文印刷:北京兴华印刷厂

装订:双峰印刷装订有限公司

各地新华书店经销

开本:850×1168 1/32 印张:4.5 字数:105 千字

2009 年 9 月第 1 版第 1 次印刷

印数:1~8 000 册 定价:8.00 元

前　言

　　翘嘴红鲌过去一直作为四大家鱼养殖的敌害而加以清除,长期以来一直未受到应有的重视。但随着社会的发展,人们生活水平的不断改善和饮食口味的不断提高,翘嘴红鲌以具有肉质细嫩、味道鲜美、营养价值高、蛋白质含量高等优点而逐渐被大家所接受,目前已经成为我国优良的淡水养殖鱼类,在市场上备受消费者青睐。翘嘴红鲌目前在江、浙、沪地区的市场价格比较高,是近年来最热门的养殖品种之一。据笔者调查,目前南京、上海等地翘嘴红鲌的市场价格已经超过了 26 元/千克(尾重 1 500 克左右)。由于自然资源日趋减少,市场需求量大,故人工养殖前景广阔。

　　为了探讨翘嘴红鲌的养殖模式,更好地为广大养殖户服务,笔者在众多水产养殖专家和苗种及成鱼养殖单位的支持下,在查阅大量国内外原始资料的基础上写成了这本小册子。本书的一个最大特点是简化了对基础理论的探讨,重点解决在生产实践中出现的问题,主要内容是根据我国不同地区的地域优势,有针对性地提出各种不同的育苗和成鱼养殖方式,并对翘嘴红鲌的疾病防治进行了专门阐述。虽然本书文字不多,篇幅较小,但具有极高的生产指导意义。

　　由于我国专门介绍翘嘴红鲌养殖的图书较少,加之笔者水平所限,书中错误遗漏之处在所难免,敬请广大读者批评指正。

编著者

目　录

第一章 翘嘴红鲌的生物学特性

翘嘴红鲌属鲤科、鲌亚科、红鲌属,学名 Erythroculter ilishae-formis,又称关刀鱼、噘嘴鲢子、白鱼、大白鱼、大白鲢、红鲌、翘嘴鲌、翘嘴巴、翘壳、白丝、兴凯大白鱼、翘鲌子、鲌刺鱼。在不同的地区有不同的地方名称,广东地区俗称长江和顺,长江中游地区俗称翘鲌、白鱼,长江下游地区俗称太湖白鱼,是远近闻名的"太湖三白"之一,被列为我国淡水四大名鱼之一。翘嘴红鲌个体大、生长快,肉质洁白、肉味细嫩鲜美,为鱼中上品,鲜食或腌食都十分可口。据测定,翘嘴红鲌每 100 克鱼肉含蛋白质 18.6 克、脂肪 4.6 克,营养十分丰富。另外,翘嘴红鲌全鱼均可入药,有开胃、健脾、利水、消肿与滋补、强身、健脑之功效,对消瘦水肿、产后抽筋、病虚体弱、记忆力差等有疗效,是招待贵宾餐桌上的佳肴,深得广大食家的好评。

一、形态特征

翘嘴红鲌体细长、侧扁,呈柳叶形。头背面平直,头后背部隆起。口上位,下颌坚厚上翘,竖于口前,使口裂垂直,故得此名。眼大而圆。鳞小。侧线明显,前部略向上弯,后部横贯体侧中部略下方。腹鳍基部至肛门有腹棱。背鳍有强大而光滑的硬棘。尾鳍呈深叉形。头、尾上翘,全鱼呈关刀状,故又称关刀鱼。

翘嘴红鲌体背呈浅棕色,体侧呈银灰色,腹面呈银白色,背鳍、尾鳍呈灰黑色,胸鳍、腹鳍、臀鳍呈灰白色。其体色变化有一个特点,就是随着水质变化而改变。例如,生活在浑水中的翘嘴红鲌为银灰色,生活在半浑水中的为青灰色,生活在清水中的脊背通常为青黄色。

二、生活习性

翘嘴红鲌是在湖泊、水库和外荡等大水体中生活的鱼类。成鱼游动迅速,性残暴,善跳跃,一般白天都活动于水体中下层,夜间活动于水上层,有喜爱白色光亮的趋光性;幼鱼成群生活在水流较缓慢的浅水区域。冬季均在河床、湖槽中越冬。

三、食　　性

野生翘嘴红鲌是以活鱼为主食的淡水大型凶猛肉食性鱼类,多摄食中上层小型鱼类,如梅鲚、似鲚、铜鱼等鱼类,还喜爱摄食昆虫、枝角类、桡足类和水生植物。在人工养殖条件下经过驯化也能摄食鱼糜、冰鲜鱼虾和人工配合饲料。研究表明,翘嘴红鲌的摄食频率较高,即使在严寒的冬季和繁殖期间都能照常摄食。

翘嘴红鲌的食性在不同的生长时期有着不同的变化,在鱼苗期主要以浮游生物、藻类、轮虫、枝角类、桡足类及水生昆虫如孑孓和水蚯蚓为主食,当体重达到50克以上时主要吞食小鱼、小虾,也吞食少量幼嫩植物如青萍、红萍、嫩草、嫩菜等。由于人工繁殖出来的鱼从内营养时期转向外营养时期开始,一直到商品鱼出售,全过程都是投喂人工饲料的,因此它们对人工饲料也非常喜食,如米糠、麦粉、豆饼、菜饼、黄粉虫、鳗鱼料、蚕蛹粉、花生麸、鱼糜、鱼浆等。为了确保摄食效果,颗粒饲料以膨化浮性颗粒饲料为最佳。根据研究表明,投喂优质人工饲料与投喂活鱼的生长速度无较大差别。

四、繁　殖

翘嘴红鲌具有明显的溯河产卵习性,每年产卵 1 次。在自然条件下,长江中下游地区的翘嘴红鲌每年 5 月下旬逐渐进入性成熟阶段,6 月中旬至 7 月中旬(农历芒种后 10 天至小暑后 10 天)为繁殖盛期,8 月上旬结束。雄鱼 2～3 冬龄性成熟,雌鱼 3～4 冬龄性成熟,体重 3 千克以上时即可繁殖。雌鱼怀卵量为 15 万～20万粒。

翘嘴红鲌的自然产卵场多数在水库上游和湖泊上风近岸带,由于水温、水位、流水等条件的不同,产卵时间会适当提前或推后。产卵水温为 20℃～30℃,最适宜产卵水温为 26℃,适宜产卵的水流速度为 0.1～1.5 米/秒。每次发情产卵持续时间为 2 小时左右,产微黏性卵,卵呈浅黄灰色透明状,卵径 0.7～1.1 毫米。卵在湖泊近岸浅滩的水生植物、砾石、硬泥上发育,约经 48 小时孵出仔鱼。

五、对环境的适应性与适温范围

翘嘴红鲌体质健壮,抗逆性强,病害较少。对环境适应性极强,生存水体可大可小,在水深 0.5～10 米、水质清新、透明度在30 厘米以上、pH 值为 6.5～8.5 的条件下都可以进行人工养殖。也就是说,从数千公顷的湖泊、水库到数平方米的水泥池或网箱都可以将鱼苗饲养为成鱼甚至是成熟亲鱼。

翘嘴红鲌为广温性鱼类,生存水温为 -3℃～40℃,摄食水温为 2℃～35℃,最适生存水温为 14℃～32℃,繁殖水温为 20℃～30℃。

六、生 长 习 性

在适温范围内,翘嘴红鲌生长迅速,体型较大,最大可长至
10～15千克,常见野生个体为0.5～3千克。当年150克的鱼种
可长到500～1000克,由于价格较昂贵,上市规格一般以1千克
为宜。

(一)生 长 率

在饵料丰富、温度和其他生态因子适应时,翘嘴红鲌生长比较
迅速,体重、体长可成倍增长。其生长主要受温度、饵料、年龄和生
理状况等影响,与其他鱼类的生长规律相近,它的生长曲线也基本
上符合"S"模型。一般情况下,翘嘴红鲌的体长以第一年为最快,
翌年次之,从第三年开始,体长的年增长逐步下降,体重的年增重
也逐步下降。苗期至体重100克期间生长较慢,体重在100～200
克时生长稍快,200～300克时生长较快,300～2500克时生长最
快,3000克以上时生长速度逐渐降低。

在人工养殖条件下,经过8～10个月的饲养,7厘米左右的种
苗有70%能长成0.5千克以上的商品鱼。1龄、2龄鱼处于生长
旺盛期,3龄以上进入生长缓慢期。有资料表明,在5～9月份的
适宜生长时间内,翘嘴红鲌一般可按平均日增重10克以上的速度
生长。

(二)饵料与生长

在人工投喂的情况下,饵料的数量和种类都会直接影响翘嘴
红鲌的生长。据试验,在鱼种规格、放养密度和环境条件都相似
时,无论是个体生长还是群体产量,投喂精饵料都要优于粗放饲
养,精饵料中尤以投喂含有一定数量的动物性饵料如鱼粉、蚕蛹粉

的配合饲料生长最快。因此,在养殖实践中通过人工施肥培养浮游生物来促进翘嘴红鲌的生长是可行的,但在放养密度较大时,必须辅以一定的精饲料。

(三)密度与生长

与其他养殖鱼类一样,在一定的放养密度范围内,放养密度越低,个体长得越大,而群体产量越低;相反,放养密度越高,个体长得越小,而群体产量越高。因此,在生产实践中,确定放养密度的关键就在于处理好个体大小与群体产量这一矛盾。

(四)性别与生长

翘嘴红鲌在鱼苗和幼鱼时期,同一批翘嘴红鲌苗,其生长速度相对一致,差异并不明显。虽然雌鱼在怀卵、产卵、孵卵、护幼时需要消耗大量的能量,但由于雌鱼在繁殖季节也照常摄食,所以它的生长速度不会因繁殖而减慢。

七、年龄的鉴定

一般情况下,翘嘴红鲌的年龄可以根据鳞片鉴定,天然翘嘴红鲌年龄可以达到9龄。翘嘴红鲌的年龄与体长、体重的关系复杂,呈一种非线性关系,但是其体长与鳞片直径成正比关系。可以用公式 $L=a+bD$ 表示,其中 L 表示翘嘴红鲌的体长,D 表示翘嘴红鲌的鳞片直径,a、b 为常数。

八、产地与产季

野生翘嘴红鲌属广布性鱼类,遍布我国长江、黄河、黑龙江与珠江四大水系所属地区的湖泊、山塘、水库、江河及与大水面依存的鱼塘,尤以长江水系的洞庭湖区域、太湖区域和东北的兴凯湖、松花江流域所产的翘嘴红鲌最有名气。在人工养殖条件下,广东、浙江、江苏、安徽、湖北等地区池塘养殖翘嘴红鲌发展最为迅猛。

在自然条件下,以每年6~7月份和10~11月份为捕捞旺季,长江流域在这两个时间段均可捕捞,东北地区以冬季捕捞为主。

第二章 翘嘴红鲌的繁殖

一、亲鱼培育池的准备

翘嘴红鲌的亲鱼培育池要求水源充沛,水质清新无污染,进、排水方便,面积在 $667\sim2\,001$ 米^2,水深 1.5 米左右。若亲鱼池过大,容易因拉网次数过多而造成鱼体损伤,并且影响亲鱼摄食而导致营养缺乏,从而影响产卵。亲鱼培育池最好建在产卵池旁边,以便于操作、转运和减少亲鱼死亡。

二、亲鱼的收集和运输

(一)亲鱼的来源

宜从江河、湖泊等天然水域中捕捞或从原(良)种场种质资源库选择,也可从内塘中人工养殖出来的具有明显生长优势的个体中挑选,但必须避免近亲繁殖,以确保子代的生长优势。

(二)亲鱼选择的时间

通常在每年 11 月份至翌年 2 月份水温较低的晚秋或初冬时进行。

(三)亲鱼选择的要求

体重 1 000 克/尾以上,3～4 龄,无伤、无病、无畸形、活力好。

（四）亲鱼的运输

由于翘嘴红鲌脱水后容易死亡，所以捕捞和运输操作时均须小心，最好带水操作，用篓子、活水船或鱼篓内衬尼龙薄膜充氧运输，每袋盛放亲鱼3～5尾。如果是在池塘中暂养的亲鱼，需经拉网锻炼2～3次再装运。

三、雌、雄亲鱼的鉴别

翘嘴红鲌在性成熟以后，用肉眼观察生殖器外形就能区分雌、雄。

雌鱼腹部有3个孔，即肛门、生殖孔和泌尿孔。泌尿孔在生殖孔突出的顶端，生殖孔开在泌尿孔和肛门之间。雄鱼腹部只有2个开孔，即肛门和泌尿孔，泌尿孔极小，肉眼不易看出。

性腺发育成熟的亲鱼，雄鱼的头部、胸鳍、背部等处出现灰白色珠星，手摸头部和体表时感觉粗糙，生殖孔松弛，轻压后腹部生殖孔内会有乳白色精液流出，且精液入水后能立即散开。雌鱼的头部和体表光滑，腹部膨大柔软而富有弹性，轮廓明显，卵巢下坠后呈流动状，生殖孔微红。

四、亲鱼的培育

（一）后备亲鱼的培育

作为一个成熟的规模化养殖场，后备亲鱼的选择、贮存与培育是必须做好的工作。根据生产实践和原（良）种场的生产要求，不同年龄后备亲鱼的数量要占本养殖场全部亲鱼的2/3左右。

1. 培育池的准备　后备亲鱼培育池的准备工作与亲鱼培育池的准备工作基本上是一样的，也要求水源充沛，水质清新无污染,进、排水方便,面积在 1 334~3 335 米²,水深在 1.2~1.8 米。

2. 后备亲鱼的选择　可用未成熟翘嘴红鲌培育1~2年后作为亲鱼,体重要求在 600 克/尾以上,生理特征符合优质亲鱼的要求。

3. 亲鱼的放养　后备亲鱼的放养时间以每年的 12 月份为宜,这样可以减少损伤,适宜的放养密度为 300 千克/667 米² 左右,为了调节水质,可以同时放养少量规格为 0.25 千克/尾的鳙鱼或鲮鱼。放养前用 5%食盐水进行鱼体浸泡消毒,然后放入池塘中培育。

4. 科学投喂　最好投喂小规格的鲜活饵料鱼,或者用新鲜杂鱼切成小块后投喂,也可投喂用下脚鱼肉浆加鱼粉、蚕蛹粉等制成的混合饲料。投喂量为鱼体重的 1%~7%,确保亲鱼能吃饱,具体投喂量视水温和亲鱼摄食情况灵活掌握。

5. 科学管理　在后备亲鱼入池后,要在 5 天内将水位提升至 1.2 米,开春后每周注入新鲜水 2~3 次,每次注水 10 厘米,进入 6 月份后,增设 1 台 1.5 千瓦的增氧机,每天定时开机增氧,可在 4 时和 13 时各开机 1~2 小时,以保证水中含有较高的溶氧量。同时,要经常冲水增氧,促进亲鱼性腺发育成熟。经过 2 年的培育,亲鱼个体体重平均能达到 1.5 千克左右,少数可达到 2 千克,绝大多数鱼的性腺已发育成熟。

(二)当年亲鱼的培育

当年亲鱼的培育对当年渔事生产具有重要意义,因此当年亲鱼的培育对生产单位来说是非常重要的。根据生产实践,通常可采用以下 2 种方式来培育,一种是利用温水提前开展繁殖,另一种则是在常温条件下进行,温水培育又可分为流水式培育和静水保温式培育 2 种。

1. 温水培育　若是利用地热水或热电厂和某些工厂的冷却水作为温水来源,则可修建温流水繁殖池。温流水繁殖池以东西向的长圆形或长方形为宜,泥土或水泥结构均可,面积大小视温水流量大小、温度高低而定,一般面积以 667～1 334 米² 为宜,如面积太大,由于自然散热,池水温度难以维持均衡。平均水深以1～1.2 米为好。池边要求有浅滩。为了保持池水温度适宜,每池应埋设 30 厘米直径的水泥进水管 1～2 个,排水管 1 个,排水管内径应大于进水管总内径的 30% 左右,以保持水源流动。进、排水管都要系拦苗用的密眼聚乙烯布袋。进水管袋长约 2 米,宽应大于管道的 30%～50%。排水袋长约 1.5 米,宽略大于排水管道,进水袋和排水袋内都要安装长圆形竹或铁丝制作的罩架,以便增加滤水面积。为了便于操作,减少散热量,进、排水管管口宜低于正常水位下约 5 厘米,并分别安装阀门或其他控流装置,以便控制流量。进、排水口还应都加网目为 1～1.5 厘米的钢丝网,以防止聚乙烯袋破损或脱落时造成亲鱼外逃。

静水保温繁殖池的结构、面积与温流水繁殖池相同。如是水泥池,又没有吸取池底污物的设备,则水深不宜超过 1 米,以利于增氧机能将全池水搅动,防止水质恶化。在日平均气温为 10℃ 以下时,繁殖池上要用拱形塑料薄膜覆盖保温,力求使池水温度保持在 20℃～30℃,促使翘嘴红鲌早繁。

2. 常温培育 是利用随气温上升使水温升至适宜于翘嘴红鲌繁殖的培育方法。亲鱼繁殖池选址、清整与家鱼相同。面积不宜太大,以 600～2 000 米² 为宜,水深 1.5 米以上,产卵时可降至 0.8～1 米,池底平坦,淤泥厚度在 10～25 厘米。要求水源充足,无污染,水质清新良好,符合渔业生产中繁殖用水的规定,注、排水方便,池形以东西向的圆形或长方形为好,向阳、背风,有拦鱼设施。

亲鱼放养前 10～15 天,用生石灰对池塘进行消毒,带水消毒每 667 米² 用 100～150 千克,干塘消毒用量为 75～100 千克。清塘消毒后,池中最好栽种占池塘总面积 10% 左右的芦苇、菹草、马来眼子菜等水生植物,投放部分麦穗鱼、小鲫鱼、青虾或抱卵虾等作为翘嘴红鲌亲鱼的活饵。另外，每 667 米^2 水面施粪肥 500～600 千克或绿肥 400～500 千克作为基肥，然后注入新水 1～1.5 米深，以培肥水质。

要选择纯种、体形好、高背厚体、个体大、体质健壮、无病无伤的鱼留作繁殖亲鱼。亲鱼放养应选择晴朗无风天气，要一次放足，这样产卵时间大体一致，有利于苗种培育。雌雄比要适当，一般雌、雄放养比例为 1.5～2：1，雌鱼要多于雄鱼。

亲鱼入池后，为保证有充足的饵料，要经常施肥和适量投喂。施肥应掌握少量多次的原则，一般每隔 5～7 天每 667 米^2 水面施腐熟粪肥 100～200 千克。天气晴朗、水质较瘦、透明度较大、鱼活动正常时，可适当多施肥。否则，要少施或不施肥。若水质过肥，应立即加注新水或机械增氧，以防亲鱼浮头。为促使亲鱼性腺发育，每天应投喂小规格鲜活饵料鱼、鲜鱼块，也可投喂人工饲料 1～2 次，投喂量一般为池鱼总重的 3％～5％。人工饲料最好用颗粒饲料，也可以用豆饼、花生饼、菜籽饼、米糠、麸皮、玉米粉等多种原料自行配制成混合饲料进行投喂，不可长期投喂单一饲料。

冲水刺激是培育过程中比较重要的一环，开春后适当降低水位提高水温，4 月中旬开始每周冲注新水 1～2 次，定时开机增氧，5 月下旬停止注水。

五、亲鱼的繁殖

（一）繁殖设备和药物的准备

人工繁殖前应检查产卵池、孵化槽、水泵、管道，发现问题及时修理。产卵池选择圆形环道结构形式，直径在 3～4 米，底部有多个与环道平行的纵向出水孔，中心上半部设置 60 目筛绢的出水过滤网，池深 1 米左右。

对人工繁殖时需用的如脑垂体、绒毛膜促性腺激素、促黄体素释放激素类似物等,应提前备足。对防治鱼病、消毒净化水质的硫酸铜、硫酸亚铁、溴氰菊酯、青霉素等,要注意药物的有效期。

(二)催产准备

催产时间在 6～7 月份,水温应在 23℃～30℃,最适温度为 25℃～28℃。自然产卵的雌雄比例为 1～1.5：1,人工授精的雌雄比例可以达到 3～4：1。每批每池放亲鱼 6～10 组,水的流速控制在 0.1 米/秒左右,并挂少量棕片或聚氯乙烯网条等作为鱼巢。亲鱼放入产卵池后,池上必须罩好网片,以防止亲鱼跳出,造成不必要的伤亡。亲鱼入池前用 10～20 毫克/升高锰酸钾溶液浸泡消毒 20～25 分钟,同时准备好催产剂、网具等。

(三)催产剂种类及使用方法

1. 催产剂种类 主要有鲤鱼、鲫鱼脑垂体(PG)、绒毛膜促性腺激素(hCG)、地欧酮(DOM)、促黄体素释放激素类似物(LRH-A)等几种。试验表明,采用地欧酮配合促黄体素释放激素类似物混合催产效果良好。

2. 催产剂注射方法 可分为胸鳍基部体腔注射和背部肌内注射 2 种,一般采用体腔注射,在胸鳍基部无鳞的凹入部,将针头朝向鱼头方向与体轴呈 45°角,刺入体腔 0.3 厘米,缓缓注入药液。注射次数有一次注射法和两次注射法 2 种。

(1)一次注射法 若单用脑垂体,则雌鱼注射量为 14～16 毫克/千克体重,若绒毛膜促性腺激素和脑垂体混用,雌鱼注射量为脑垂体 2 毫克/千克体重、绒毛膜促性腺激素 3～6 毫克;如果用促黄体素释放激素类似物,体重 3 千克以上的雌鱼注射量为 200 微克/千克体重;如果用地欧酮,雌鱼的注射剂量为 5 毫克/千克体重。雄鱼注射剂量为上述雌鱼剂量的一半。

(2)两次注射法 一般使用脑垂体效果较好,第一针剂量,雌鱼每千克体重为0.8～1.6毫克,雄鱼减半。第二针剂量,雌鱼每千克体重为10～15毫克,雄鱼减半。第一次注射与第二次注射相隔时间一般为6～8小时,一般采用两次注射法催产效果较好。

(四)注射催产剂后亲鱼的暂养

亲鱼注射催产剂后,雌、雄鱼最好分开暂养在网箱中或分隔在产卵池中待产,其间避免惊动,若有微流水更好,流速控制在0.1米/秒。临近效应时间,雌鱼在网箱内急游跳动,表现非常兴奋,这时应检查雌鱼,若一提起雌鱼卵就自动流出或稍压腹部即流出,应马上进行人工授精。而随着催产剂在雄鱼体内渐渐发生作用,雄鱼也表现十分兴奋,在产卵池或网箱内窜游,有时可跃出水面,或用尾鳍奋力拍击水面,此时可挤出精液用于人工授精。

(五)催产效应时间的掌握

催产的效应时间(从注射第一针至排卵所经历的时间)与水温、性成熟度和催产剂种类有关。在进行批量人工催产时,群体排卵高峰一般在个别个体排卵开始后0.5～1.5小时,此时卵的质量最佳,应适时进行人工授精。

翘嘴红鲌的催产效应时间与水温关系密切,在一定的水温范围内,水温越高,效应时间为越短;水温越低,效应时间越长,一般效应时间为8～10小时。具体催产后的效应时间见表2-1。

表2-1 催产效应时间

水温(℃)	效应时间(小时)	水温(℃)	效应时间(小时)
23～24	＞10	26～27	7.5～8.5
24～25	9～10	27～28	7～8
25～26	8～9	28～29	6.5～7.5

（六）人工授精

人工授精的受精率较高，在缺少雄鱼时，使用此法较好，但须把握适宜的授精时间，否则会降低受精率。人工授精一般采用干法授精，干法授精时要保持"三干"，即容器干、鱼体干、操作人员的手干。将催产后的雌、雄亲鱼放入同一池内，用微流水刺激，注意观察产卵池中亲鱼的状态，当亲鱼已发情，但还未达到高潮时（即开始发情后 15 分钟），应立即拉网捕出亲鱼，将雌鱼腹部朝上，若轻压腹部有卵粒流出时，捂住生殖孔，并将鱼体表的水擦净，然后将鱼腹朝下，将卵挤入预先擦干净的瓷盆中，同时立即加入雄鱼精液，用羽毛搅拌 1～2 分钟，使精卵充分混合，然后加入少量清水，同时加入 7％食盐水 50 毫升或 15％黄泥水 50 毫升，再搅拌一下，静置 1 分钟后就可放入孵化缸中孵化。

通常 1 条雌鱼可挤卵 2～3 次，每次挤卵后应稍停片刻再挤。为了提高受精率，1 尾雌鱼的卵最好用 2 尾雄鱼的精液使之受精。

（七）受精率的计算

为了更好地掌握人工授精的质量，提高人工繁殖的成活率，通常用受精率作为衡量标志。受精率的计算一般是在胚胎发育到原肠中、晚期时进行。方法是：用小网随机捞取鱼卵 400～500 粒，放在白瓷盆中进行检查，将颜色混浊、发白、胚体溃散的坏卵以及空心卵剔出计数，然后计算受精的好卵卵粒数，求出百分比，即为受精率。计算公式如下。

受精率＝已经受精的卵数/总卵数×100％

其中，已经受精的卵数就是我们常常说的好卵；总卵数为好卵、坏卵、空心卵数量之和。

六、鱼卵的孵化

(一)池塘孵化

1. 池塘清整 生产上多直接使用鱼苗培育池进行孵化,以减少鱼苗转塘的麻烦,这是黏性和微黏性鱼卵孵化最基本的方法,也是当前生产中广泛采用的方法。孵化池大多采取夏花培育池兼作孵化使用,以选择 $333\sim667$ 米^2、水深 1 米、池底淤泥较少的池塘为宜。池塘使用前必须整修,并用生石灰清塘。放入的水需经过滤,以防污物和有害生物流入。

2. 鱼巢的制备 翘嘴红鲌产出的卵,遇水后具有微黏性,为了便于鱼卵的附着和收集,在生产上就要提供水草或其他可黏附鱼卵的附着物,满足它们繁殖的需要,这种人为提供的附着物即为鱼巢。

制作鱼巢材料的选择,一是不能含有有毒和有害成分,以免影响胚胎的正常发育;二是要柔软,以方便鱼卵的附着;三是选用的材料要分枝多、纤维细密、质地柔软蓬松且不易腐烂。

目前,用于制作翘嘴红鲌鱼巢的材料比较多,常用的有冬青树嫩根、棕榈树皮、杨柳树须根、水草及一些陆生草类如稻草等。用不同材料制作翘嘴红鲌鱼巢,在制备方法上有一定区别。

(1)用棕榈树皮制备鱼巢的方法 先将棕榈树皮用清水洗净,然后放在大锅中蒸或煮 1 小时左右,目的是除掉棕榈皮所含对鱼卵有害的单宁等物质,晒干后备用。在制作时,先轻轻地用小锤敲打片刻,然后将棕榈皮多扯动几次,让它充分松软,目的是增加卵的附着面积。最后把这些棕榈皮用细绳穿成串,一般按照 $4\sim5$ 张棕榈皮为一束的大小捆扎成伞状,要注意的是不能将几张棕榈皮皱缩在一起,这样会减小附着的有效面积。为预防孵化时发生水霉病,可将棕榈皮扎成的鱼巢放在0.12%甲醛溶液中浸泡20分钟,或0.017%亚甲基蓝溶液中浸泡15分钟,取出后,晒干备用。

(2)用杨柳树须根制备鱼巢的方法　制备方法基本与棕榈皮制备鱼巢是一样的。只是要将杨柳树须根的前端硬质部分敲烂,拉出纤维使用,树根的大小要搭配得当,为了方便取卵,可用细绳将树根捆扎成束,最后把它们固定在一根竹竿上,插入池中即可。冬青树嫩根制备鱼巢的方法与之相似。

(3)用稻草制备鱼巢的方法　先将稻草晒干,然后用干净的清水浸泡8小时左右,稍晾干至不滴水为宜,然后用小木槌轻轻敲打松软,经过整理再扎成小束,每束以手抓一把为宜,最后固定在竹竿上,插入水中即可。

(4)用水草制备鱼巢的方法　一是要选好水草,水草的茎叶要发达,放在水中能够快速散开,形成一大片伞状的鱼巢;二是水草要无毒;三是水草要适应翘嘴红鲌的生长需要;四是水草的茎要有一定的长度和韧性。根据实践经验,目前常用的水草有菹草、马来眼子菜、鱼腥草等。将水草采集后,用20毫克/升高锰酸钾溶液浸洗消毒5分钟,以杀死水草中可能附着的敌害生物的卵或病原体,然后捆扎成束或铺撒于水面即可。以水草为材料制作的鱼巢,一般只使用1次,如果在鱼苗孵出后,水草尚未腐烂,可用来投喂草鱼、鲂鱼等食用鱼。

值得注意的是,用棕榈皮和杨柳须根制成的鱼巢,只要妥善保管,可使用多年。在当年使用结束后要及时用清水洗净,不要留下鱼腥味,以防止蚂蚁和老鼠的破坏。翌年再用时,仅洗净、晒干即可。

3. 鱼巢的设置

(1)鱼巢设置的位置　根据实践经验,人工制作的鱼巢以布置在产卵池的背风处为好,为了方便观察和产卵,以集中连片为好。

(2)鱼巢设置的方法　目前常用于翘嘴红鲌繁殖的设置方法

主要有2种,一种是悬吊式,另一种是平铺式。

①悬吊式设置　就是把制作好的单束或几束鱼巢,悬挂吊在竹竿上,然后将竹竿按一定的方式插入池塘中。要注意的是,鱼巢应吊在水面下15～20厘米的水层中,最下端也要离池底50厘米左右,以便取得较好的附卵效果和孵化效果。可根据竹竿的多少,排列成不同的方式,如三角形、方形、长方形、圆环形、多边形等。

②平铺式设置　用水草制作的鱼巢主要选择此种方式,就是用稀疏的竹帘围成圆环,保持帘的上端稍高出水面,下端垂在水层的2/3处,然后将水草铺撒在圆环之中。

按以上方法布置好鱼巢后,如果遇亲鱼不能顺利产卵,就应及时取出鱼巢,以免浸泡过久或附上浮泥,影响卵的附着和孵化。如果发现翘嘴红鲌大批产卵,鱼巢上已经布满卵粒,就要根据情况及时取出,同时再挂上新的鱼巢。

4. 孵化管理　最好将孵化池水温控制在24℃～30℃,保持微流水,水交换量为每小时0.5～0.8米^3。在不同的水温条件下,孵化时间也略有差异。例如,在水温为23℃～25℃的条件下,孵化时间为24～36小时;在水温为25℃～30℃的条件下,孵化时间为18～20小时。由于孵化时间较长,鱼巢和卵上经常会沉附污泥,应经常轻晃清洗,孵化期间要保持水质清洁,透明度较大,含氧量高,肥水和浑浊的水对孵化不利。孵化期间每天早晨要巡塘,发现池中有蛙卵时,应随时捞出。

(二)脱黏流水孵化

1. 孵化设备　脱黏液水孵化孵化设备可保证鱼卵在水中漂浮,保持较稳定的水温和充足的溶氧量,水流流速可根据胚胎发育进程加以调节。目前使用的流水孵化设备主要有孵化缸、孵化桶和孵化环道。

(1)孵化缸　因具有结构简单、造价低、管理方便、孵化率较稳定等优点,在生产中使用较普遍。

孵化缸由进水管、出水管、缸体滤水网罩等组成。缸体可用容量为250～500升的普通水缸改制,或用白铁皮、钢筋混凝土、塑料等材料制成。利用普通水缸改造较为经济,被广泛采用。按缸内水流的状态,分为抛缸(喷水式)和转缸(环流式)2种。抛缸,只要把原水缸的底部用混凝土浇制成漏斗形,并在缸底中心接上短的进水管,紧贴缸口边缘,上装16～20目尼龙筛绢制成的滤水网罩即成。用时水从进水管入缸,缸中水即呈喷泉状上翻,水经滤水网罩流出。鱼卵能在水流中充分翻滚,均匀分布。如能在网罩外围做一个溢水槽,槽的一端连接出水管,就能集中排走缸口溢水。放卵密度一般抛缸比转缸高20%,每立方米水体可放卵200万～250万粒,日常管理和出苗操作皆方便。转缸,在缸底装4～6根与缸壁成一定角度,各管成同一方向的进水管,管口装有用白铁皮制成的形似鸭嘴的喷嘴,使水在缸内环流回转。由于水是旋转的,排水管安装在缸底中心,并伸入水层中,顶部同样装有滤水网罩,滤出的水随管排出,放卵密度为每立方米水体150万～200万粒。

(2)孵化桶 一般是用铁皮制造的,其大小应根据需要而定,一般以容水量200升为宜,可放卵粒150万粒,上部用20目筛绢制成。利用孵化桶孵卵的主要工作是调节水流速度和经常洗刷附着在筛绢上的污物和卵膜。

(3)孵化环道 这是供生产规模较大单位选用的孵化设备。由进、排水系统以及环道、集苗池、滤水网闸等组成。常用砖砌水泥砂浆粉面结构,也可用白铁皮或塑料制成。环道有1～3道,以单道、双道为常见。形状有椭圆形和圆形,以圆形为好。孵化环道的容水量视生产规模而定,可根据每立方水体放卵100万～120万粒的密度,以及预计每批孵化的卵数,计算出所需要的水容量,再以环道的高和宽各为1米,反算出环道的直径。单环环道,内圈是排水道,外圈是放卵道;双环环道,有2圈可放鱼卵的环道,外环道比内环道高 30～35 厘米,以便外环道向内环道供水,但内环道仍装有进水管道与闸阀,又可直接进水,在内环道的内圈是排水道;三环环道,是再增加 1 道环道,其他与双环环道相同。由于向内侧排水,故各环环道的内墙都装有可留卵排水的木框纱窗,数量随直径变化(通常按周长的 1/8 或 1/16 装窗 1 扇)而增减。也有的环道采取向外溢水的方式,则纱窗安装在外墙,所溢出的水从外墙的排水道流走。总的进、出水管都在池底,以闸阀控制。每一环道的底部,有 4～6 个进水管的管口,管口都装有形似鸭嘴的喷嘴,各喷嘴需安装在同一水平和同一方向,以保证水流正常流动。鱼卵在环道中,顺流不停地翻滚浮动。

　　孵化设备的优劣,主要是从水流易于调控,且流水能保持均衡,鱼卵不易出现堆积现象或吸附在出水纱窗、网罩上等几个关键方面加以综合衡量。

　　2. 鱼卵脱黏　由于翘嘴红鲌的卵是微黏性的,如果不经过脱黏,孵化时会发生卵粒黏结在一起而发霉的现象,甚至会造成全环道的卵粒死亡。因此,必须用脱黏剂使翘嘴红鲌的黏性卵全部失去黏性,然后把鱼卵移入流水孵化设备或孵化网箱中孵化。脱黏方法通常采用下列几种。

　　(1)泥浆脱黏　此方法的优点是简单易行,取材方便,成本低,效果好,但必须用人工授精的卵才能进行。

　　具体做法是:选用含沙量少、杂质少的黄泥加水搅成泥浆,经 40 目网布过滤去杂,按 15％～20％的浓度对水成浆。脱黏时,一人不停地用双手翻动泥浆水,另一人将干法受精后的鱼卵(不加水),每次倒少量于手中,放在泥浆水中晃动几下,将卵散开在水中脱黏,等到卵全部撒完后,继续搅动泥浆水 1～2 分钟,再将泥浆水连同受精卵一起倒入网箱,洗去多余的泥浆,筛出卵子,过数后放入孵化环道或孵化缸中孵化。

　　(2)滑石粉脱黏　用 100 克滑石粉和 20～30 克食盐,混合在一起放入 10 升水中,仔细搅拌制成滑石粉悬浮液。把干法受精的卵徐徐倒入悬浮液中,每 10 升滑石粉悬浮液可放卵 1~1.5 千克,边倒边用手搅动,使卵充分分散在悬浮液中。搅动 15 分钟左右,再用水洗去多余的悬浮液,然后放入孵化设备中孵化。

滑石粉脱黏效果好、成本低,脱黏后的卵不像泥浆脱黏那样混浊,而是卵膜透明。滑石粉颗粒微小,表面光滑,鱼卵的比重增加较小,也不易损伤孵出的鱼苗。加入一定量的食盐,能提高脱黏效果,并可激发精子的活动能力,提高受精率。

3. 流水孵化 采用脱黏法除去卵的黏性后,再将卵移入孵化设备进行流水孵化,孵化密度以每立方水体放卵 150 万~200 万粒为宜。在鱼卵孵化期,因卵可承受较大的水流冲力,且比重又较漂浮性卵大,因此需较大的水流,才能保证鱼卵在水中充分翻滚,水流速度以卵粒能翻上水面复又分散下沉即可,出膜后小鱼苗忍受水流的冲力比漂浮性卵所孵出的鱼苗弱,故出苗后必须适当降低水流速。

4. 管理工作 流水孵化主要有以下几方面的管理工作。

第一,做好孵化前的准备。孵化前,对流水孵化设备及各种附属设备进行认真检查,了解设备是否完整无损,安装是否牢固,进、出水系统是否通畅,电机、水泵、沟渠是否能正常运转等,并进行必要的维修养护。放水前,应先将淤泥杂物清除干净,经洗刷和阳光曝晒后方可进水。如遇急需进卵的情况,洗刷后可用溴氰菊酯或高锰酸钾溶液消毒。孵化用水一定要经 24~32 目筛网过滤后,才能引入环道,以防敌害、污物入内。

第二,掌握合理的放卵密度。前述的放卵量,仅是参考数值,生产中具体的放卵数,应根据每批卵的质量和水温等情况酌情增减。

第三,适时调节水流速度。水流是孵化漂浮性鱼卵的重要条件,一旦断水,鱼卵沉积,会造成缺氧死亡。所以,在孵化的整个过程中决不能发生停水事故。另外,水流速度的大小,关系到水中溶氧量的多少,直接影响孵化率的高低。提供充足的氧气,鱼卵才能正常发育。流速过小,供氧不足,卵或苗都会窒息死亡;流速过大,会使卵在翻滚过程中与缸壁或环道壁摩擦,造成卵膜损伤或破裂,严重时会引起死亡。因此,水流既不能大,又不能小。流速的调节,要根据卵或苗的具体情况以及胚胎的发育阶段,进行合理的调控。

　　从水流调节来说,可将孵化全过程分为 4 个阶段,每个阶段的情况不同,对水流的要求也不同。孵化初期,只要求水流能把鱼卵冲起,随水流缓缓浮动,不沉积在容器底部即可。孵化中期至脱膜前,因胚胎随发育进程逐渐增大对氧气的需要量,所以水流也要逐步增大,以保证氧气的供给。脱膜阶段,可适当降低流速。流速减慢后,脱下的卵膜易黏附在滤水筛网或窗纱上,必须勤清除,以防堵塞网眼,引起水流不畅。脱膜后至出苗阶段,常又分成 2 期,初期鱼苗活动力弱,只能侧卧,做间歇性地向上垂直游动,随后自由下沉,大部分时间都在水的下层。为防止鱼苗堆集水底,窒息死亡,应适当增大流速,使鱼苗均匀分布和漂浮。但此时鱼苗的活动力弱,严防由于加大水流而造成鱼苗被吸附在滤网或窗纱上,造成鱼苗死亡。后期,即脱膜后 2 天左右,鱼苗的水平游动能力加强,流速可随鱼苗的长大而渐缓,不过要防止流速下降造成溶氧量不足而闷死鱼苗。综上所述,应按发育阶段调控水流,使流速呈慢—快—慢—快—慢的方式交替变化。

　　第四,防止鱼卵提早脱膜。鱼卵在一定的温度下,所需的孵化时间常是一定的。当卵膜质量差、孵化用水水质不良时,会出现比正常孵化提前 5～6 小时出膜的现象,称为提早出膜。提早出膜会造成畸形胚胎大量出现,死亡率增高。因此,在进卵后,或估计有可能发生提早脱膜时,可采用高锰酸钾溶液处理胚胎,以增加卵膜的坚固性与弹性,提高孵化率。处理的方法是:取一定量的高锰酸钾,先溶于水中,然后暂时适当降低孵化水流的流速,把溶好的药液倒入孵化设备的底部,借助水流作用,使药液均匀地散布在孵化用水中,使孵化用水中高锰酸钾的浓度的溶液达到 5～10 毫克/升,鱼卵在此浓度的溶液中浸泡 1 小时即可。经过处理的卵,因卵膜增厚,孵化酶溶解卵膜的速度会变慢,故孵出时间会比正常时间推迟几小时。

第五,防止孵化水温发生剧烈变化。天气骤变可造成孵化水温大幅度变化,而胚胎对温度剧变的适应性差,常引起大量畸形或死亡。所以,妥善安排生产时间,是避免灾害性天气影响的最佳选择。

第六,防治敌害生物的侵袭。在孵化过程中,遭敌害生物侵袭的主要原因是未经过滤或过滤不好的水,夹带了大型浮游动物如剑水蚤等,它们进入孵化设备后,会不断积聚,越来越多,形成危害。自然产卵时,产卵池清整不彻底,致使收集的鱼卵中混入小虾、小杂鱼等有害生物,鱼卵中碎卵、死卵多,或脱下的卵膜清除不及时,都给水霉菌的寄生提供了机会。由于这些敌害生物,或与卵争空间、争氧气,引起间接矛盾,或直接吞食鱼卵,或寄生在卵上,造成为害,所以一经发现,就要采取相应的措施,加以清除或控制。

对于大型浮游动物,除做好水源的过滤工作外,可采取药物杀灭的方法,常用药物有 0.3～0.5 毫克/升 90%晶体敌百虫溶液、1毫克/升敌百虫溶液和 0.5～1 毫克/升敌敌畏溶液,都有灭杀作用,可任选一种。流水条件不同于静水,配制药物并保持一定浓度较困难,不易完全消灭。至于水霉寄生,可用溴氰菊酯溶于水中,使水体暂时达到 0.0005%～0.001%的浓度,以抑制水霉生长,如严重时,间隔 6 小时重复使用 1 次。

(三)孵化率的计算

为了鉴定翘嘴红鲌鱼卵的孵化是否符合要求,通常用孵化率来进行鉴定,孵化率的计算应该在鱼苗全部出膜后进行,但是由于鱼苗出膜后难以计数,因此在具体生产实践中,多在出膜前进行计算。鉴别一粒卵将来是否能正常孵化成小鱼,可把即将出膜的卵放在白色瓷盆中,由于出膜前鱼苗已经成形,此时被困于膜内,会在膜内不停地扭动,尤其可看到长长的尾巴,相当好识别。而不可能正常孵化出膜或即使出膜可能也是畸形的卵,其胚体较小,尾巴也很短小,运动速度缓慢,显得很没精神。另外,坏卵和空心卵也能轻易分辨出。通过这个方法就可以计数即将孵化的卵粒数,然后再计算出孵化率,计算公式如下。

孵化率＝受精卵出苗数/受精卵总数×100％

第三章　翘嘴红鲌的苗种培育

一、培育前的准备

(一)清整池塘

放养鱼苗前对水泥池和土池都需进行清整处理,以杀灭潜伏的细菌性病原体、寄生虫、对鱼不利的水生生物(青泥苔、水草)、水生昆虫和蝌蚪等,减少鱼苗病敌害的发生。

1. 水泥池清整　先注入少量水,用毛刷带水洗刷全池各处,再用清水冲洗干净后,注入新水,用 10 毫克/升漂白粉溶液或 10 毫克/升高锰酸钾溶液泼洒全池,浸泡 5～7 天后即可放鱼。新建的水泥池必须先用硫代硫酸钠(海波)进行脱碱,用量为每立方米水体加入 7～8 克。操作时,先用少量水将硫代硫酸钠溶化,然后倒入水泥池中搅匀即可,15 天后试水确认无毒时方可放养鱼苗。

2. 土池清整　池塘堤埂必须坚实,无渗漏缝眼,以防止幼苗逃出或其他鱼苗窜入池内造成为害。由于翘嘴红鲌稚鱼喜群集池边浅水处,应在池堤边正常水位下 4～5 厘米处修建一条宽 25 厘米左右、略向外倾的浅水斜坡,供稚鱼栖息,同时也有利于捞苗操作。土池清塘前必须先修整池塘,6 月份之前排干池水,清除过多的淤泥,池底推平,夯实堤壁,修补裂缝,随后经阳光曝晒 1 周。清塘在放养前 7～10 天进行。用生石灰按 60～75 千克/667 米² 的用量放入小坑中,注水化成石灰浆,均匀泼洒全池,再将石灰浆与泥浆搅匀混合,以增强效果,翌日注入新水,7～10 天后即可放养。用生石灰清塘可清除病原菌和敌害,减少疾病,还有澄清池水、增加池底通气条件、稳定水中酸碱度和改良土壤的作用。

用生石灰、漂白粉交替清塘(每 667 米² 用生石灰 75 千克,漂白粉 6～7 千克)比单独使用漂白粉或生石灰清塘效果好。

(二)土池施肥

在仔鱼下塘前 5～7 天即注入新水,注水深度 40～50 厘米。注水时应在进水口用 60～80 目绢网过滤,严防野杂鱼、小虾、蛙卵和有害水生昆虫进入。施基肥的目的是使仔鱼下塘后能吃到丰富的适口饵料——轮虫等浮游动物。基肥为腐熟的鸡、鸭、猪和牛粪等,每 667 米² 施肥量为 150～200 千克。施肥后 3～4 天即出现轮虫的高峰期,并可持续 3～5 天。以后视水质肥瘦、鱼苗生长状况和天气情况适量施追肥。

(三)鱼苗试水

放苗前一天将 30 尾鱼苗放入池中专设的网箱内,经 24 小时观察鱼的动态,如果没有任何异常时方可放苗,进行培育。

(四)采　苗

出膜后 2～3 天,幼苗体鳔形成,能在水中平游时,可带水出苗,进入苗种培育阶段。由于鱼苗刚开始游泳能力较弱,很容易捕捞,一般在早晨或傍晚苗种相对集中时,用小拖网顺池四周捕捞。这种方法操作人员可以不下水,不会影响亲鱼的产卵活动,鱼苗不易受伤,获苗量也高。捞出的苗先放在网箱内暂养,待捞到一定数量后,即可计数,放入苗种培育池培育。在生产中采苗有捞苗法和捕苗法 2 种方法。

1. 捞苗法　在操作时,采苗者沿池内边水面,左手推小网箱(80 厘米×60 厘米×40 厘米),使箱体呈 45°角左右向外倾斜在水中推箱前进,以便将离岸较远的鱼苗拦至池边;右手执三角抄网,紧贴池边伸入水中向前推进 3~5 米,即将鱼苗置于网箱内,如此反复进行。每天应捞 4~8 次,尽可能使池中鱼苗减少到最低程度。捞苗法要求人在水中行走,每次时间较长,每天劳动强度较大。有的地方捞苗时是人在池埂上,将装有 3.5 米左右长把手的三角抄网反扣在池边水中,然后拖着抄网沿池边前进,经过几米远后,便将鱼苗放进定置于池边水中的网箱之中。网箱大小与前述相同,一个池中通常相隔一定距离设置几个网箱,以便随时放苗。若捞入网箱内的鱼苗较多,箱内易缺氧导致鱼苗浮头,这时要尽快将鱼苗疏散到邻近塘内的网箱内暂养。

2. 捕苗法 用密眼网(用聚乙烯平布制成)每周捕 1~2 次。捕时底纲上的沉子不宜过重,缓缓起网,使亲鱼逃逸后再收网,然后使鱼苗游入事先设置好的网箱中。捕苗法适宜在育苗后期应用。

在实际生产中,采苗可采取捞苗法与捕苗法相结合的方式,以捞为主,以捕相辅,这样既可以提高获苗率,又可适当减轻劳动强度。

(五)鱼苗暂养

1. 水体准备 刚从繁殖池捞出的鱼苗体质嫩弱,需暂养 2~3 天再移入池中培育。温水池捞出的早繁鱼苗必须暂养到 20℃ 以上时再移入池中培育。暂养时可利用空闲的亲鱼池或鱼种越冬池,也可以另建暂养池。暂养池面积不宜过大,一般在 100 米² 以内,早春须覆盖保温,或以热水管、加热器升温。温流水池中天然饵料少,鱼苗难以获得足够的饵料,一般不宜使用。

2. 暂养设施 一般暂养设施为流水水泥池或 40~60 目网布加工成的网箱等。水泥池的形状为方形、圆形或椭圆形,要求底部光滑,有进、出水口,出水口要用 40 目以上的网布拦住。网箱为长方形,深度为 0.5~0.7 米,网箱中必须采用微流水,以便水体交换和排除污物。

3. 暂养方式及管理措施 鱼苗的暂养方式主要有流水水泥池暂养和网箱暂养2种方式,这两种方式都较适应批量生产。管理措施包括以下内容。

第一,将流水水泥池清理干净,注水深0.5米,将带卵黄囊的仔鱼放入水泥池中,每立方米放养1.5万～2万尾,先2～3天只需不断流水保持充足的溶氧即可。这时的鱼苗全部集群于池底四周,待鱼苗内源性营养吸收完而开始摄食外源性营养时,鱼苗自由集群游动,先投喂鸡蛋黄1天,翌日开始以蛋黄与浮游动物结合投喂,浮游动物以轮虫、枝角类、桡足类等为好,投喂的方法是少量多次。在培育的过程中,必须保持水体有充足的溶氧,除流水外采用空压机增加池中的溶氧,并每2～3天清除1次水泥池中的杂物和粪便。

第二,暂养网箱用40～60目的网布加工成长方形,首先消毒池塘清除野杂鱼,注水0.6～0.8米,将池塘水质培肥至有大量浮游动物出现,水体透明度在40厘米以上时,将网箱用桩固定好,网箱上下全部系牢固,以有风浪时网箱不摇动为宜。网箱上口离水平面10～12厘米,如有微流水的可每平方米放0.8万～1万尾,无流水网箱每平方米放养0.3万～0.5万尾,待鱼苗自动离开网箱游到池中。网箱下沉1～2天后,将网箱中未活动离开的鱼苗清理出网箱放入池塘。必须注意保持池塘水质良好,水体不宜浑浊,以免泥浆黏于鱼苗体表影响其正常活动而导致死亡,保持池塘水质溶氧量在5毫克/升以上。

鱼苗在暂养期间,要加强管理。在进入暂养池前将鱼苗严格过筛,不同规格的鱼苗要分别暂养。鱼苗进池后,每天均匀泼洒黄豆浆或蚕蛹浆2次,第三天起还须添加黄豆、豆饼、糠饼等的干粉,4～5天后则停止喂浆,每天喂干粉4～5次,做到少量多次。如暂养池为水泥结构,鱼苗放养几天后,池底沉积大量排泄物和剩余饵料残渣,会发酵败坏水质,应采取虹吸方式吸污,每日 1 次。

总之,鱼苗下池后,要注意勤观察,出现浮头现象要及时注入新水或开动增氧机,发现鱼病要及时对症治疗。池水转肥后,白天从阳光直射到黄昏前后,是鱼苗气泡病发病高峰期,要加强观察,一旦发现,则应注入新水抢救,否则会造成大批鱼苗死亡。

二、鱼苗池塘培育

池塘培育与集约化培育鱼苗各有不同的特点,均属最有效的鱼苗培育方法。鱼苗培育要求较高的技术水平及严格的管理措施,其生产指标为:成活率在 80%～95%,鱼体健壮,无病害,规格整齐。

池塘培育翘嘴红鲌鱼苗,可以借鉴我国传统鱼苗培育方法,即肥水下塘(浮游生物大量繁殖),并辅以人工投喂配合饲料。

(一)鱼苗培育池条件

水源充足,水质清新,注排水方便,池形整齐,面积以 333～667 米^2 为宜,水深保持在 50～100 厘米,前期浅,后期深。池底平坦,淤泥深 10 厘米左右,池底、池边无杂草。在出水口处设 1 个长方形集鱼涵(水泥池或土池均可),以利于鱼苗集中捕捞。池堤牢固,不漏水。周围环境良好,向阳,光照充足。池塘水质浑浊度小,pH 值为 7～8,溶氧量在 5 毫克/升以上,透明度为 30～40 厘米。认真做好鱼苗培育池的清理与消毒工作。

(二)鱼苗放养密度

放养密度依据池塘的基本条件和浮游生物的数量而定,因为其放养密度的大小直接影响鱼苗培育的成活率和生长速度以及池塘利用率。密度过大,天然饵料不充足,鱼苗摄食不均匀,生长缓慢;密度过小,则影响池塘利用的效果和产量。鱼池施基肥后,各种生物的出现速度和出现数量的高峰时间有所不同,其规律一般为:浮游植物—浮游动物和原生动物—轮虫和无节幼体—小型枝角类—大型枝角类—桡足类—底栖动物。而翘嘴红鲌水花鱼苗入池到全长 3 厘米时的摄食对象一般是:轮虫、无节幼体和小型枝角类—大型枝角类—桡足类—底栖动物。鱼苗池适时肥水和水花鱼苗适时下池,就可利用这两个规律的一致性,使鱼苗始终都有丰富适口的天然饵料,这是池塘培育好鱼苗的技术关键。生产实践表明,如果水温在 20℃~30℃时,注水施肥后 7~9 天投放鱼苗较为适宜。

放养鱼苗的规格要整齐,游动活泼,顶水能力强,能摄食外界食物。

翘嘴红鲌暂养后的放养密度以每 667 米² 放养 10 万~20 万尾为宜,要一次放足,不宜搭配其他鱼类,一般以单养为好。另外,放养时水温温差不能超过 2℃,鱼苗池 pH 值为 6.8~7.5,氨氮含量低于 0.06 毫克/升。

(三)池塘培育鱼苗的方法

1. 豆浆培育法　在水温为 25℃左右时,将黄豆浸泡 5~7 小时(黄豆的两片子叶中间微凹时出浆率最高),然后磨成浆。一般每 1.5 千克黄豆可磨成 25 千克豆浆。豆浆磨好后应立即滤渣,及时泼洒,不可搁置太久,以防产生沉淀,影响效果。

鱼苗下塘后的最初几天(即鱼苗从内源性营养转换到外源性营养的过程)能否及时摄食到适口的饵料是决定鱼苗成活率的关键。豆浆可以直接被鱼苗摄食,剩余部分可沉于池底作为肥料培养浮游动物。因此,豆浆最好采取少量多次均匀泼洒的方法,泼洒时要求池面每个角落都要泼到,以保证鱼苗摄食均匀。一般每日泼洒 2~3 次,每次每 667 米² 用黄豆 3~4 千克磨浆,5 天后增至 5

千克。10天后鱼苗可长至15毫米左右,此时视池塘水质情况适当增加投喂量。

豆浆培育鱼苗方法简单,水质肥而稳定,夏花体质强壮,但消耗黄豆较多。一般育成全长30毫米左右的1万尾夏花,需消耗黄豆7~8千克。

由于使用豆浆培育法池中浮游动物少,刚下塘的鱼苗生长不快。所以,应采取在鱼苗下塘前5~6天施基肥,使鱼苗做到肥水下塘,以弥补豆浆培育法的不足,提高鱼苗培育的效果。

2. 大草培育法 大草指含营养成分较多、含粗纤维较少、容易腐烂的菊科植物,但在生产中,凡枝叶柔嫩、易腐烂的无毒植物均可作为大草用来肥水培养浮游生物。

在鱼苗放养前5~10天,将扎成束的大草按每667米² 200~250千克分堆堆放在池边向阳浅水滩处,使其淹没于水中,任其腐烂,每隔3~4天堆放1次。对堆放的大草应每隔1~2天翻动1次,促其肥分扩散,1周后逐渐将不易腐烂的枝叶捞出。一般每667米²池塘在鱼苗培育期间约需大草1300千克。培育后期若发现鱼苗生长减慢,可增投商品饲料,每667米²每日投喂1.5~2.5千克。

大草堆肥时需注意每667米² 1次堆草量不得超过500千克,过多会因其迅速分解而造成池中缺氧。一般应采取少量多次、均匀投放、适时注水的方法。

大草培育法的优点在于草料来源广,成本较其他方式低,操作简便,繁殖浮游动物快、效果好。但是,由于草料的不断放入和腐烂分解受气候变化的影响,常会造成池中浮游生物量不均衡和不稳定,生产上需及时补充精饲料。另外,由于草料的腐烂分解,培育期间池中溶氧量较低。

3. 粪肥培育法 利用这种方法培育鱼苗时,粪肥最好预先经过发酵,滤去渣滓。这样既可以使肥效快速、稳定,又利于减少疾病的发生。

　　鱼苗下塘后应每天施肥 1 次,每 667 米^2 用 50～100 千克,将粪肥对水向池中均匀泼洒。培育期间施肥量和间隔时间必须视水质、天气和鱼苗浮头情况灵活掌握。培育翘嘴红鲌鱼苗的池塘,水色以褐绿色和油绿色为好,肥而带爽为宜,如水质过浓或鱼苗浮头时间长,则应适当减少施肥并及时注水。如水质变黑或天气变化不正常时应特别注意,除及时注水外还应注意观察,防止泛池事故。

　　4. 有机肥料和豆浆混合培育法　这是一种用粪肥或大草与豆浆相结合的培育方法,已在我国各地普遍采用,其技术关键包括以下几点。

　　(1)施足基肥　鱼苗下塘前 5～7 天,每 667 米^2 施有机肥 250～300 千克,培育浮游生物。

　　(2)泼洒豆浆　鱼苗下塘后每日每 667 米^2 泼洒 2～3 千克黄豆磨成的豆浆,下塘 10 天后鱼体长大需增投豆饼糊或其他精饲料。豆浆的泼洒量亦需相应增加。

　　(3)适时追肥　一般每 3～5 天追施有机肥 160～180 千克。

　　此种方法集国内诸法的优点,使鱼苗下塘后既有适口的天然饵料,同时又辅助投喂人工饲料,使鱼苗一直处于快速生长状态。在饲肥利用上亦比较合理,方法灵活,便于掌握,成本适当,因而被各地普遍使用。

(四)日常管理

　　1. 遮荫　根据翘嘴红鲌鱼苗有显著的畏光性和集群性的生物学特性,池塘水质需有一定的肥度,透明度不宜过大,否则应在池塘深水处设置面积为 5～10 米^2 的遮盖物(遮阳布、竹席、芦苇、石棉瓦等)。

　　2. 分期注水　分期注水调节水质是日常管理工作的重要环

节。因为鱼苗放养初期水温不高,为了提高水质肥度和有利增温,此时应将水深保持在 50～60 厘米,并要施足基肥。随着鱼体的增长和投喂、施肥的增加,逐渐加入适量新水,以扩大水体体积,对于调节水质、促进饵料生物的繁殖和鱼类生长、提高饵肥效果等方面都有明显的作用。

分期注水的具体做法是:鱼苗下塘时控制池水水深为 50～60 厘米,这主要是考虑到翘嘴红鲌鱼苗的活动能力不太强,且有集群习性,水浅相对可提高水体中浮游生物的密度,有利于鱼苗摄食。但经过一段时间的培育,鱼苗个体增大,水质开始变肥、变老,无论是溶氧量还是活动空间都不适宜鱼类生长,分期注水可解决这些问题。鱼苗放养 1 周后,每隔 3～5 天加水 1 次,每次 10～15 厘米,加水时注意注水口应用密布网过滤,严防野杂鱼进入。水应平直地流入池中央,切勿使水在池中形成旋流。每次注水时间不能太长,并应注意避免水流冲坏池埂或泛起池底淤泥,搅浑水质。一般在鱼苗培育期间加水 3～5 次,待夏花出塘时池塘水深应保持在 1～1.2 米。

浅水下塘,池水体积小,人工投喂的利用率高,节省饲料。同时,池水温度提高快,有利于鱼苗的生长和天然饵料的繁殖。随着鱼体增长,分期注水能满足鱼苗对活动空间、水质、营养条件的要求。

3. 巡塘管理 每天巡塘时,要注意鱼苗的摄食与分布状况。鱼苗的摄食方式比较特殊,它们常常仰腹游动着摄取水蚤或微粒饲料。在强光照射下,只在池底觅食,光照较弱时,在水体中、上层活动取食,但在饥饿时,即使光照较强,也会游向中层水体争吃刚投下的饲料。试验表明,光照强度在 150～300 勒[克斯]时苗种的日摄食量最大,平均可达鱼体重的 20% 左右(水温 25℃～28℃,体长 2～3 厘米)。鱼苗白天一般不做远距离游动,喜集群于池壁凹陷处或躲在池底石块、池边陆草等障碍物的背阴处。在光照适宜、饲料充足的环境里,鱼苗大都集合成小群,分布亦较均匀,受到惊扰时,只是稍微散开一下,接着又安静下来。翘嘴红鲌苗种池的溶氧量一般应保持在 5 毫克/升以上,否则易发生浮头、泛池事故。

4. 施追肥 鱼苗培育池的施肥应掌握"基肥要充足,追肥要及时"的原则。鱼苗下塘后应密切注意池塘水质状况,及时少量勤施追肥,保持池中有一定量的天然饵料供鱼苗摄食。鱼苗下塘时,水体透明度在 30 厘米以上时,每 667 米^2 追施猪粪或人粪150～250 千克,以后每日每 667 米^2 施 50～100 千克猪粪或人粪,以保持水的肥度。当水质过肥时,则要加注新水,使池水的透明度保持在 25 厘米左右。阴雨天不施肥,否则可能造成池水缺氧。

5. 投喂 翘嘴红鲌夏花的食性随日龄增加而变化,具体变化见表 3-1。

表 3-1 翘嘴红鲌夏花的食性变化

日龄(天)	食性变化
2～3	轮虫
5	蛋黄、小型水蚤、枝角类
15	桡足类
20	驯食绞碎的水蚯蚓
30	完整的水蚯蚓,开始驯食配合饲料
40	完全投喂配合饲料

根据翘嘴红鲌的食性变化特点,在具体生产实践中,通常采用以豆浆为主的培育方法,黄豆、豆饼质量要好,浸泡时间要适当。泼洒豆浆要均匀,尽量做到少量多次,力求鱼苗摄食均匀。若采用以施肥为主的培育方法时,应视鱼苗生长情况,辅助投喂适量的精饲料。每天上午 9 时投喂黄豆浆或蚕蛹浆,投喂量视水中浮游动物多少而定。一般每 667 米^2 用黄豆 1.5～2 千克,磨成 30～35 千克浆后全池泼洒,连续 5～7 天。如遇连绵阴雨,池水不肥,可多泼

洒几天。投喂要掌握"四定"原则,具体内容如下。

(1)定时　精饲料每日投喂 2 次,一般要求在 8～10 时和14～16 时各投喂 1 次。定时的目的是为了使鱼类合理利用饲料,使饲料投喂后达到最佳的利用效果。7～8 月份池水水温高,鱼种生长快,日投喂量就多,需要分 3～4 次投喂,这样可使每次投喂量少些,延长饲料在消化道的停留时间,提高饲料的消化和吸收。

(2)定位　为了减少饲料在泼洒时沉落池底的浪费,鱼种培育池中一定要搭建饲料台,每 3 000 尾鱼种设 1 米² 饲料台,精饲料应投放在饲料台上。饲料台及周围应定期清洗和消毒。

(3)定质　精饲料不得发霉变质,加工时应磨细,最好根据鱼体需要配制成颗粒饲料或全价饲料。

(4)定量　不论投喂哪种饲料,都应按鱼类摄食的需要和摄食强度合理定量,不能过多或过少,精饲料每次投喂后以在 1～2 小时吃完为宜。总之,投喂应在量方面做到适量、均匀。但在阴雨天或天气突变以及鱼病暴发时期要酌情减少。

(5)出塘　鱼苗培育至 35 天左右,体长长至 3.2～3.5 厘米,拉网锻炼 3 次后,可准备出塘,转入鱼种培育阶段。

6. 鱼病防治　鱼病防治工作在当前养鱼生产中已越来越重要,不少地区鱼病蔓延严重。抓好鱼病防治工作必须从做好"三消防病措施"开始,即饲养工具要勤消毒、饲料台及周围要定期消毒、投喂水蚯蚓等活饵料时要消毒后再入池。

(五)夏花苗种分塘

鱼苗经过 30～35 天的培育,长到全长约 3.5 厘米时,需要进行苗种分塘,以便继续培育大规格鱼种或直接进行成鱼养殖。一般先用拉网多拉几次,尽可能地用网起捕,以减少对鱼苗的伤害,最后采用干池捕捉进行分塘,其方法是将池水排干,只保留出水口池底深处 10～15 厘米的水深,便于鱼苗集中在一起用抄网将鱼苗捞起。出塘的鱼苗直接进入网箱或流水水泥池中暂养几个小时，目的是增强幼鱼体质，提高出池和运输的成活率。拉网要在鱼不浮头时进行，一般以晴天 9 时以后、14 时以前为好。起网时带水将鱼赶入捆箱内，清除黏液、杂物，让鱼种适应后即可过数分养。

拉网锻炼是使鱼苗、鱼种适应拉网操作、密集运输和运输途中颠簸的一种重要措施。因为鱼苗至夏花培育阶段，鱼苗生长迅速，摄食量大，突然受到拉网惊扰和密集缺氧，鱼体会大量分泌黏液和排出粪便。整个拉网锻炼过程分 3 次进行，逐次加大强度，增强其适应能力。实践证明，只有经过这样锻炼的鱼，才能经得住拉网、计数和运输过程的操作。若将未经过拉网锻炼的夏花出塘，首先鱼在网中就会出现惊慌和狂游，放入网箱后的鱼表现无力而易出现浮头，体色变淡，放入容器后由于排出大量黏液和粪便，又会造成水质污染，溶氧量降低，加上途中颠簸，夏花鱼种就会发生大量死亡，有的即使当时不死，日后亦不会健康成活。

在拉网锻炼的操作方法：第一网，用密布网将鱼围入网中，观察鱼的数量及生长情况，密集 10～20 秒钟后，立即放回池中，隔 1 天再拉第二网（拉网当日上午不投喂，待鱼放回池后再喂）。将鱼围入网中密集后，将鱼赶入网箱中，然后将网箱在池中推动，使鱼顶水而游至网箱前部，操作人员边推边捞出箱中的杂草和污物，经 1～2 小时后，若鱼种培育池在附近，即可计数、消毒出塘分养。若需要长途运输，还需要再隔 1 天拉第三网锻炼（操作与第二网相同）。最好在下午拉网，拉好后放在清水池塘中的网箱内暂养 1 夜后运出，夜间须值班管理。

在拉网锻炼操作过程中应注意以下几点：一是拉网前应清除池中杂草、污物，若发现池中有青泥苔需用药物杀灭后再拉网。二是拉网宜在上午 9～10 时进行，如遇天气不正常或鱼类浮头时不能拉网。三是第一次拉网锻炼时如发现鱼体纤弱，并有许多鱼贴在网上时，应立即停止拉网，待加强培育后鱼体健壮时再拉网锻炼。拉网锻炼时若发现鱼在网箱内浮头应立即推动网箱,待鱼体浮头明显消除后,再计数放养。四是拉网人员技术要熟练,操作要相互配合,协调一致。

三、鱼苗集约化培育

翘嘴红鲌鱼苗集约化培育一般在流水水泥池或网箱中进行,完全依靠人工投喂天然饵料和配合饲料。具有放养鱼苗密度大,出池率高,培育的鱼种体质健壮、规格整齐,饲养管理和操作方便等特点。其不利之处在于饲料全靠外界投入,较易带进病原体和敌害生物,所以日常管理特别重要,如管理不当,会造成鱼苗批量死亡。

(一)流水水泥池培育

1. 培育池的基本条件 培育池面积以 $10\sim20$ 米^2 为宜,水深 $0.6\sim0.8$ 米,水源充足,水质清新,溶氧量高,所用水须经严格过滤。排水口应方便将污物和鱼的粪便排出池外,池底应平坦。

2. 放养密度 利用流水水泥池进行翘嘴红鲌鱼苗集约化培育,可以大大提高放养密度,表3-2就是不同规格鱼苗的放养密度,供参考。

表3-2 不同规格鱼苗的放养密度

鱼苗规格	放养密度(尾/米^3)
刚孵化出膜仔鱼	$10000\sim15000$
$1\sim3$ 厘米	$6000\sim8000$
$3\sim5$ 厘米	$4000\sim6000$

3. 饲料及投喂方法 依据翘嘴红鲌不同的发育阶段,首先投喂天然饵料如浮游动物、枝角类、桡足类、摇蚊幼虫、水蚯蚓等和人

工配合微型颗粒饲料(参考配方为鱼粉 28%、蚕蛹 10%、肉骨粉 10%、肠渣粉 8%、血粉 8%、标准面粉 30%、豆油 2.5%、黏合剂 1.5%、矿物质添加剂 1%、维生素合剂 1%)。

投喂方法根据鱼苗摄食状况、水温和鱼体大小而定,一般采用少量多次的投喂方法,翘嘴红鲌有群食的特点,在投喂时首先用少量饲料投入池中,待鱼苗集中在一起时开始增加投喂量,通常采用边吃边投喂的方法,这样既不浪费饲料,又能保证所有鱼都能摄食到饲料。

4. 日常管理 在翘嘴红鲌鱼苗集约化培育过程中一定要注意保持水质清新,不浑浊,无污染物质,pH 值为 7~8.5,溶氧量在 6 毫克/升以上。必须保持 24 小时有微流水,同时用空气压缩机供氧。

流水水泥池集约化培育,放养鱼苗数量较多,投喂的天然饵料中混杂的杂质易沉于底层,投喂的人工配合饲料有未吃完的现象,加之鱼苗排出的粪便也会沉于池底,这些残渣、污物和粪便都不易被流水排出,因此在饲养过程中必须定期清除池底污物。

坚持"四定"投喂原则,按照鱼苗摄食规律设定投喂时间和次数。定点投喂对翘嘴红鲌来说尤为重要,投喂要固定在 1~2 个点进行;定质指投喂时一定注意天然饵料和人工配合饲料的质量,不能投喂带有污染物的天然饵料和变质的人工配合饲料;定量是指投喂应依据鱼的摄食量,切勿时饱时饥;定时就是指投喂要固定在每天相应的几个时间段进行,以培养鱼苗的摄食行为,有利于以后驯食工作的顺利开展。

日常管理是每天要对流水水泥池水质进行检查,包括水源是否带有污染物,检查鱼苗是否带有疾病,发现疾病要及时采取措施治疗。

水泥池要用遮盖物盖住,防止光照太强烈影响鱼苗正常摄食,通常使用遮光黑布或黑色的遮阳网。

(二)网箱培育

我国利用网箱养鱼,最初是用来解决湖泊、水库放养大规格鱼种问题的。随着网箱养鱼业的发展,网箱饲养食用鱼的比重逐渐加大,所以目前网箱养鱼由培育鱼种和饲养食用鱼两部分构成。网箱成鱼养殖,需要大量鱼种,网箱育种与网箱饲养成鱼相互配套,是解决网箱养鱼鱼种不足的重要途径。

1. 网箱的准备 箱体呈长方形或正方形,面积 9～16 米²,箱高 2 米,入水 1.5 米。网目 10～11 毫米,装配缩结系数上纲为 0.66,下纲为 0.707,横目使用。箱架以杉木制成,框架每隔 1.5～2 米处立 1 根支柱,挑起网箱,箱体高出水面 0.5 米。箱底拴以沉子,以确保网箱伸展。鱼种网箱有敞口式和封闭式 2 种,一般采用封闭式,其盖网网目要略大于箱体,以便投喂和采光。

若以鱼苗育成夏花,需用 9～16 目的乙纶布制作箱体。

2. 夏花放养 为了延长鱼种生长期,达到较大规格,放养时间应在 7 月中下旬至 8 月初,夏花放养规格为 5～10 克/尾。

放养密度一般掌握在每平方米 1 000～1 200 尾为宜。密度不是越稀越好,因为密度太小,鱼摄食不集群,不仅浪费饲料,鱼种规格也很难达到标准。在良好的管理条件下,鱼种出箱规格应达到 100～150 克/尾。

3. 夏花运输 翘嘴红鲌的夏花运输是很重要的技术,不可轻视。

4. 饲养管理 夏花进入网箱后,要使用漂白粉挂袋预防疾病。方法是:投喂完当天饲料后,在傍晚时将药袋挂在网箱中,每个饲料台附近挂 2～3 只,每只袋内装 150 克漂白粉。

(1)驯食 网箱饲养鱼种要比池塘饲养困难得多,因为水中天然饵料很少,几乎完全靠投喂人工饲料来养育鱼种。为了让夏花鱼种适应人工投喂的环境,入箱后 3～7 天要对其进行强化驯养。

开始少量投喂颗粒饲料,慢慢撒,在投喂的同时,敲击网箱架,让鱼群形成条件反射,渐渐训练鱼上浮集中抢食。驯化好的鱼群,一听到声音就会迅速集中到水表层争抢颗粒饲料。这样,在投喂时便能做到既不浪费饲料,又能使每一尾鱼都能吃饱、吃好。

(2)投喂次数　夏花入箱时,正是7～8月份的高温季节,鱼种摄食旺盛,生长快,所以每日要投喂7～8次,保证其得到充足的营养而迅速生长。随着鱼种个体增大,可以减少到每日投喂5～6次,到8月中旬,大部分鱼种长到70克/尾左右时,投喂次数随水温下降而递减。进入9月份,水温渐降,每日上、下午各投喂1次。由于大水域水温变化慢,所以投喂不能过早停止,一直要坚持到水温降至16℃～18℃时再停食,这样可增强鱼种体质,减少越冬伤亡,为翌年成鱼饲养打好基础。

(3)投喂量　网箱育种投喂量与水温成正相关曲线,即水温高、鱼摄食量大,投喂多;水温低、鱼摄食量小,投喂也少。日投喂量根据鱼体重计算,日投喂率绝对量随鱼体重的增加而加大。到9月中下旬,水温逐渐降低,投喂量也随之减少。使用颗粒饲料的粒径应随鱼体长大而增加,由0.5毫米、0.8毫米最后增至1.5毫米。

(4)管理技术　鱼苗入箱前,网箱要提前5～7天下水,以使网箱上附着一些生物,使网目光滑,不致擦伤鱼体。为适应网箱中的密集环境,在进箱前3～4天,池塘培育的夏花要进行3～5次拉网锻炼,以增强夏花体质。据测定,经过锻炼的夏花,入箱后成活率比不进行锻炼的提高30%。

由于网箱养鱼种是依靠水体交换,为密集鱼群提供充足的溶解氧,所以,网目的通水性能至关重要,一般每隔5～7天要以水枪冲水洗刷网箱1次,也可以混养少量罗非鱼,依靠它们的刮食习性来除去网箱上附着的生物。

网箱育种要适时分箱,分规格饲养。夏花入箱后,饲养一段时间后,个体差异会很快拉开,如不及时分箱,由于抢食力强弱不同,不利于较小个体成长。所以在出现差异后,要用鱼筛或其他工具,适时把鱼按大、中、小规格筛选后分开饲养,这样对较小规格鱼种快速长成极为有利,同时又能提供不同规格鱼种,为成鱼拉开档次上市打下基础。

在饲养期间要定期防病,必须做到无病先防、有病早治。网箱鱼种高度密集,加之鱼种个体较小,抗病力弱,一旦发生疾病,会很快殃及整箱乃至整个网箱养鱼区,其后果往往是毁灭性的。

网箱拴挂在大水域中,其环境条件极其复杂,随时都有可能发生风浪、敌害甚至人为的破坏,所以巡视网箱、检查环境、严防逃鱼、适时调整网箱位置和吃水深度,也是管理工作的重点。

同时,网箱区要保持安静,谢绝参观,禁止游泳和划船。

另外,建立网箱档案,定期检查鱼种生长情况,也是管理工作的重要内容。因为几十个乃至上百个网箱排列在大水域中,一箱一档,可以随时记下每一个网箱中鱼苗的摄食、防病、生长情况。同时,每隔15天检查增重情况,对总结经验、分类管理和加强养殖人员的责任心都很有好处。

第四章 翘嘴红鲌的成鱼养殖

翘嘴红鲌抗病力强,养殖周期短,适应性强,所以适合在各类水体中养成商品鱼,目前已成为池塘养殖、机械化养殖、工厂余热养殖、稻田养殖和网箱养殖的最佳鱼种之一。翘嘴红鲌的成鱼养殖主要有以下几种方法。

一、池塘主养翘嘴红鲌

这是当前各地翘嘴红鲌养殖的主要模式,该模式适用于连片池塘,这样有利于集中管理、捕捞方便,养殖中也可采用捕大留小的方法,使成鱼上市量相对不集中,从而使鱼价不受影响,提高经济效益。专池养殖翘嘴红鲌一般每 667 米^{2}产量在 600 千克以上,所以在养殖管理中应注意做好鱼病防治、饲料投喂和防止浮头等工作。

(一)池塘要求

1. 位置 翘嘴红鲌的成鱼养殖对池塘条件要求并不太严格,一般养殖四大家鱼的池塘或农村的小水塘、沟渠都可以养殖。但是为了取得较高的产量效益,还是要选择水源充足、注水和排水方便、无污染、交通方便的地方建造鱼池,这样既有利于注、排水方便,也方便鱼种、饲料和成鱼的运输。对于翘嘴红鲌的规模化养殖,其鱼池通常是成片开挖的,设置方式一般有并联式、串联式和"田"字形等。

2. 水质 要求清新,以无污染的江河、湖泊、水库水最好,也可以用自备机井提供水源,水质要满足渔业用水标准,无毒副作用,夏秋季要经常进行水质测定,要求水体溶氧量在 4 毫克/升以上,透明度在 40 厘米左右,pH 值为 7.2~8.5。

3. 面积 一般为 2 001~3 335 米^2,最大不得超过 6 670 米^2,池内渔业机械、增氧设施配套齐全,高产池塘要求配备 1~2 台 1.5 千瓦的叶轮式增氧机,以利于提高单位面积产量。这样大小面积的成鱼养殖池既可以给翘嘴红鲌提供相当大的活动空间,水质也较稳定,不容易发生突变,更重要的是表层和底层水能借风力作用不断地进行对流、混合,改善下层水的溶氧条件。如果面积过小,水环境不稳定,并且占用堤埂多,相对缩小了水面;如果面积过大,不利于投喂饲料,会导致鱼类摄食不匀,影响翘嘴红鲌的整体规格和效益。

4. 水深 池塘主养翘嘴红鲌是一种新品种的精养方式,因此对池塘的容量是有一定要求的,根据生产经验,成鱼养殖池的水深应在 1.5~2.5 米,这样池塘容积较大,水温波动也小,水质较为稳定,可以增加放养量,提高产量。但是池水也不宜过深,如果用山谷型水库来改造成为精养鱼塘就不合适,因为这种池塘的水位一般都达到 4 米左右,深层水中光照度很弱,光合作用产生的溶氧量很少,浮游生物也少。

5. 土质 要求具有较好的保水、保肥、保温能力,还要有利于浮游生物的增殖,根据生产经验,以壤土最好,黏土次之,沙土最差。池底淤泥的厚度应在 20 厘米以下。池底还应挖 2~3 条深沟,便于干塘时的捕捞。

(二)苗种放养

1. 放养前的准备

(1)池塘的清整与消毒 池塘清整是改善养鱼环境条件的一项重要工作。池塘经过一段时间养鱼,淤泥越积越厚,而且还存在各种病菌和野杂鱼类。池塘淤泥过多,水中有机质也多,大量的有机质经细菌作用氧化分解,消耗大量溶氧,使池塘下层水处于缺氧状态。淤泥过多也易使水质变坏,水体酸度增加,病菌易于大量繁殖,使鱼体抵抗力减弱。此外,崩塌的塘基也需要及时修整。因此,需要经常清整池塘,尤其要挖去过多的淤泥。

消毒在放养前 15 天进行,消毒方式有带水消毒和干塘消毒,根据生产经验,采用干塘消毒方式较好。每 667 米² 使用 150 千克生石灰,分别放入多个小坑中,注水溶化成石灰浆,然后趁热将其均匀泼洒全池,池塘留水 10～20 厘米,再将石灰浆水与泥浆搅拌均匀,以增强消毒效果,可杀灭潜在病原体和其他有害生物。翌日注入 50 厘米以上的新水,10 天后经试水确认无毒,即可放养苗种。用生石灰清塘,可清除病原菌和敌害,减少疾病,还有澄清池水、增加池底通气条件、稳定池水酸碱度和改良土壤的作用。

还有一种常见有效的消毒方式就是用漂白粉进行消毒,可采用带水消毒的方式,每 667 米² 池塘使用漂白粉 13.5～15 千克,先将池塘水位控制在 0.5 米左右,然后将漂白粉顺风撒入水中即可。有时为了提高效果,降低成本,还采用生石灰、漂白粉交替清塘的方法,比单独使用漂白粉或生石灰清塘效果好。方法是每 667 米² 用生石灰 75 千克,漂白粉 6～7 千克,化水后趁热全池泼洒。

(2)培肥 翘嘴红鲌鱼种下塘时,水体应有一定的肥度,以便为翘嘴红鲌提供优良的天然饵料,尤其是小规格鱼种下塘时,其食性在一定程度上还依赖于水体中的活饵料。具体的增培肥方法可参考第三章相关内容。

2. 鱼种来源 食用鱼池塘放养的鱼种,主要应由养鱼单位自己培育,这样既可做到有计划地生产鱼种,在种类、数量和规格上满足放养的需要,又可避免因长途运输鱼种而造成鱼种伤亡或放养后发生鱼病,降低鱼种成活率。

本单位生产鱼种有以下几个途径。

(1)鱼种池专池培育 是解决鱼种来源的主要途径,但由于近几年来不断提高食用鱼养殖池的放养密度,单靠专池培育鱼种已无法适应食用鱼养殖池放养的需要。专池培育的 1 龄鱼种,其重量占本塘总放养鱼种重量的 40%～70%。

(2)食用鱼养殖池中套养鱼种 食用鱼养殖池套养鱼种,不仅能节约鱼种培育池面积,而且可以充分挖掘食用鱼养殖池的生产潜力,并能提高鱼种规格、节约劳动力和资金。

套养翘嘴红鲌鱼种的食用鱼饲养池中,主要是以饲养鲢鱼、鳙鱼、鲂鱼和草鱼为主。一般每 667 米^2 放 8.3～10 厘米大规格鲢鱼夏花 1 000～1 200 尾,鳙鱼每 667 米^2 放 600～750 尾,鲢、鳙鱼成活率可达 85% 以上。翘嘴红鲌的套养密度为每 667 米^2 放养 150～200 尾。在食用鱼养殖池中套养翘嘴红鲌鱼种,翘嘴红鲌的重量占本塘放养鱼种总重量的 8%～10% 即可。

(3)食用鱼养殖池中留塘鱼种 食用鱼养殖池由于是高密度饲养,出塘时有 90% 以上的养殖鱼类达到上市商品规格,有 10% 左右的鱼转入翌年养殖。这部分留塘鱼种,翌年可提前轮捕上市,这样既可以繁荣市场,又可以增加收入,是食用鱼养殖放养模式中不可缺少的一部分。

(4)野生捕捞鱼种 现在仍有许多养殖户尤其是靠近湖泊附近的养殖户会在江河湖泊中捕捞或购买一部分野生的苗种资源,但要注意的是,野生苗种中有一种戴氏红鲌(又叫青梢红鲌),在苗种期外形与翘嘴红鲌非常相似,但生长速度要缓慢得多,如不小心买到或捕捞到,则损失惨重。因此,养殖野生苗种存在着种质风险,需要特别注意。

3. 放养规格和密度

(1)放养规格 苗种规格的大小,直接影响翘嘴红鲌池塘养殖的产量。一般认为,放养大规格鱼种是提高池塘鱼产量的一项重要措施。苗种放养的规格大,相对成活率就高,鱼体增重大,能够提高单位面积产量和增大成鱼出塘规格。根据生产实践,放养的翘嘴红鲌鱼种以10～15厘米的冬片鱼种为好。在苗种获得比较方便的地区,以放养15厘米以上的大规格鱼种为佳。翘嘴红鲌生性凶猛,池塘放养的规格应基本一致,若规格差别过大,会因抢食能力的强弱导致更大的个体差异,从而发生大小相残现象,影响成活率和产量,所以苗种入塘时要进行筛选,不同规格分塘饲养。

(2)放养密度 合理的放养密度要根据池塘条件、饲料和肥料供应情况、鱼苗规格以及饲养水平等因素来确定。凡水源充足、水质良好、注水和排水方便的池塘,放养密度可适当增加,配备有增氧机的池塘可多放些。大规格的苗种要少放,小规格的苗种可多放。饲料来源容易则多放,反之则少放。第一次养殖翘嘴红鲌时,为慎重起见,宜少放。配备有增氧机、注水和排水方便、饲料供应充足的精养池塘,放养量还可以增加。在正常养殖情况下,每667米^{2}放养8～10厘米的鱼种800～1 000尾,饲养5个月,当年的出塘率可达40%(500～700克/尾),一般每667米^{2}产600千克;体长15厘米左右,每667米^{2}放400～500尾,当年的出塘率可达80%。条件好的塘口,放养密度还可适当增加。

4. 放养时间 只要水温稳定在6℃以上时就可以放养鱼种,具体放养时间要根据各地气温、水温而定,一般在初冬至早春,只要水温适合,以提早放养为好,有利于提高成活率,延长其生长期,提高成鱼产量。

5. 鱼种放养时的注意事项

第一,下塘的苗种规格要整齐,否则会造成苗种生长速度不一致,大小差别较大。

第二,下塘时间应选在池塘浮游生物数量较多的时候。

第三,下池前要对鱼体进行药物浸洗消毒(水温在18℃～25℃时,用5～6克/米^{3}溴氰菊酯溶液浸洗鱼体5～10分钟,或用3%～5%食盐水浸浴10～15分钟),杀灭鱼体表的细菌和寄生虫,预防鱼种下塘后感染病害。值得注意的是,高锰酸钾为强氧化剂,一旦使用方法不当容易造成翘嘴红鲌死亡事故,因此我们建议用专门的苗种消毒药(如蛋氨酸碘溶液)进行苗种消毒,使用方法为:每50升养殖用水中加入苗种消毒药10毫升,充分搅拌均匀后将苗种放入其中浸泡3～5分钟即可,浸泡完毕后可将药液与苗种一并倒入养殖水体中。

第四,下塘前要试水,两者的温差不要超过2℃,温差过大时,要调整温差。

第五,下塘最好选在晴天进行,阴天、刮风下雨时不宜放养。

第六,翘嘴红鲌鳞片疏松,容易掉鳞,搬运时的操作要谨慎、轻巧,使用的工具要求光滑,尽量避免翘嘴红鲌鱼体受伤。

(三)施肥与投喂

翘嘴红鲌是喜肥水、耐低氧、杂食性的鱼类,池塘养殖时采取施肥与投喂相结合的方式,可取得较好的生产效果。单养翘嘴红鲌的池塘,放养前施放基肥,每667米² 施粪肥或绿肥300千克,鱼种入池后每隔2～3天追肥1次,每667米² 施肥量为100～150千克;或每周1次,每667米² 施肥200～300千克。投喂饼粕、麸皮或配合饲料,日投喂量为池中鱼总重的2%～3%,上、下午各投喂1次。5月份前水温低,应少喂,7～9月份水温高,鱼食欲旺盛,应多喂。到8月下旬,可适当增加精饲料的比例。投喂饲料要沿塘四周浅滩泼撒,以便池鱼均能吃到饲料,并做到定时、定量、定质和定点。还要经常添喂青绿饲料,增加饲料的多样性,以促进生长,节约成本。

翘嘴红鲌的成鱼池要求水质肥沃,透明度在25～30厘米,要经常看水追肥。如透明度低至20厘米左右,水呈乌黑色,表明水质已经趋于恶化,要及时加注新水。施肥前如水质已较老,应先灌注新水,防止水质过肥恶化。

(四)水质调节

要经常对翘嘴红鲌饲养池塘的水质进行调节,使其达到最适标准。养殖翘嘴红鲌的水体水质应肥、活、嫩、爽,即水体浮游生物丰富,特别是浮游动物多;水色不死滞,随光照和时间不同而时常有变化;水色鲜艳不老,池塘水质清爽;水面无浮膜,浑浊度小,透明度保持在 30 厘米左右。因此,要加强巡塘,注意水质变化,每天清除池面漂浮物。调节水质可采取以下措施。

1. 合理注水 合理注水对调节水体溶氧量和酸碱度是有利的。养殖初期池塘水深保持在 1.5 米左右,随着温度的升高逐步加深,到夏秋高温季节水深保持在 2 米以上,以后每 2 周更换 1 次新水,每次更换 15～20 厘米;高温季节每隔 4～7 天注水 1 次,每次 30 厘米左右;遇到特殊情况,要加大注水量或彻底换水。总之,当水体颜色变深时就要注水。注水时不要直接向水面冲水,有条件的可以将水管放入池底进水,因为流水会使翘嘴红鲌顶水跳跃,不但消耗体力,还容易使翘嘴红鲌疏松的鳞片脱落受伤。

2. 合理投喂施肥 投喂要适量,以翘嘴红鲌吃光为度。根据翘嘴红鲌的食性特点,在完全投喂人工饲料时,施肥量要少,施放有机肥要先腐熟,如果水质合适,也可以不施肥。

3. 适当泼洒生石灰 使用生石灰,不仅可以改善水质,而且对防止鱼病也有积极作用。一般每 667 米^2 用量 20 千克,用水化开后迅速全池泼洒。

4. 适时开启增氧机 增氧机有增氧、搅水、曝气等作用,合理使用增氧机不仅可以防止泛塘,还可以增加水体的鱼产量。一般晴天中午开机,阴天早晨开机,雨天半夜开机,如有浮头迹象立即开机。

另外,水温高于 30℃时翘嘴红鲌的食欲下降,生长速度也会受到影响,可以在池埂周围和池塘中间移植 1 米左右的水葫芦,以起到保持水温的作用,同时也可以吸收水中大量的氨氮和重金属离子,降解有机物,并抑制藻类的大量繁殖,起到净化水质的作用。每 3 335～6 670 米² 水面配套 3 千瓦增氧机 1 台,每天开启 2～3 小时,防止浮头。

在夏秋高温季节定期向水体泼洒高浓缩光合细菌(每毫升含活菌 1 000 亿个以上),可有效稳定水体藻相,降低氨氮、亚硝酸盐和硫化氢的含量,净化水质,提高鱼体免疫力。用量为每 667 米² 水面每米水深用 60～70 毫升,每月使用 1～2 次。

(五)鱼病防治

新养殖翘嘴红鲌的池塘一般不会发生鱼病,但正常的防病消毒、除害灭菌工作不可忽视。在池塘中主养翘嘴红鲌成鱼时,预防鱼病有 6 条具体措施:一是调节池水的 pH 值,使之保持弱碱性,以利于翘嘴红鲌的生长;二是坚持清塘消毒,一般每 667 米² 用生石灰 20 千克,用水化开后迅速全池泼洒,可促进翘嘴红鲌鳞片更加结实,增强自我保护能力,兼顾杀虫灭菌;三是放养健壮无病的鱼种,由于运输途中可能造成鳞片松动或脱落,容易使鱼体发生水霉病,因此鱼种下塘前要用 3％～5％食盐水浸泡 10～15 分钟;四是饲料质量要有保证;五是定期投喂药饵,预防肠道疾病的发生,每万尾翘嘴红鲌用 90％晶体敌百虫 50 克,混入饲料中,每 15 天投喂 1 次,每次连用 3～5 天;六是发生疾病应马上采取措施,及时捞出病鱼、死鱼并深埋,防止相互感染。

对于已经发生的疾病,应尽快做出诊断并采取有效方法治疗,具体病害防治方法见本书第六章内容。

(六)饲养管理

池塘养殖翘嘴红鲌技术较为复杂,涉及气象、水质、饲料、翘嘴红鲌的活动情况等因素,这些因素相互影响,并时时互动。池塘养殖翘嘴红鲌时,要求养鱼者全面了解生产过程和各种因素之间的联系,细心观察,积累经验,摸索规律,根据具体情况的变化,采取与之相适应的技术措施,控制池塘的生态环境,实现高产、稳产。

1. 建立养殖档案 养殖档案是有关养鱼各项措施和生产变动情况的简明记录,作为分析情况、总结经验、检查工作的原始数据,也为下一步改进养殖技术,制订生产计划作参考。要实行科学养殖,一定要做到每口池塘都有养殖档案,每天做好养殖日志,记录好各项常规数据,注意观察鱼的活动情况,发现问题及时处理。

2. 巡塘 是养鱼者最基本的日常工作,应每天早、中、晚各进行 1 次。清晨巡塘主要观察鱼的活动情况和有无死亡;午间巡塘可结合投喂施肥,检查鱼的活动和摄食情况;傍晚巡塘主要检查有无残剩饲料,如有饲料剩余,应调整投喂量。酷暑季节天气突变时,鱼类易发生浮头,如有浮头迹象,应根据天气、水质等采取相应的措施,还应在半夜增加巡塘 1 次,以便及时采取有效措施,防止泛池。平时要注意池水溶氧量的变化,经常开动增氧机。

3. 投喂管理 翘嘴红鲌是肉食性凶猛鱼类,在养殖过程中也有同类相残的现象,因此在管理中要引起重视,一方面确保池中有充足的饲料,另一方面又要视饲料摄食多少而灵活调整。

4. 定期检查 定期检查可以做到胸中有数,对制订渔业计划、采取相应措施是很有意义的。每隔 20 天左右测鱼样 1 次,观察鱼的长势,为调整投喂量提供依据。同时,要定期检查鱼体健康状况,观察是否有疾病发生。

(七)捕 捞

池塘养殖的翘嘴红鲌主要采取干塘捕捞和拉网捕捞 2 种方式。

1. 干塘捕捞 如果池底有深沟,可抽干池水,使翘嘴红鲌集中到深沟,即可捕捞;如果池底没有深沟,可干塘至水深 10 厘米时下塘捕捞。

2. 拉网捕捞　　拉网捕捞要求池底平坦,否则应采取干塘捕捞。翘嘴红鲌容易网捕,捕捞 2～3 次即可捕起池塘中的大部分翘嘴红鲌,如要全部捕完,需要干塘操作。

二、池塘混养翘嘴红鲌

池塘混养是我国池塘养鱼的特色,也是提高池塘鱼产量的重要措施之一,混养可以合理利用饲料和水体,发挥养殖鱼类之间的互利作用,降低养殖成本,提高养殖产量。

翘嘴红鲌可在家鱼亲鱼池、成鱼池和养蟹池中混养,利用池塘野杂鱼虾、残饵为食,一般不需专门投喂。平时要对主养池中野杂鱼等天然饵料数量进行观测,当饵料不足时需及时补充,如放养一定数量的抱卵青虾,让其自繁虾苗作为翘嘴红鲌的饵料。套养池面积不限,但饲养肥水性鱼为主的池塘尽量减少套养量。

试验表明,池塘套养翘嘴红鲌的鱼种规格应在 10 厘米以上,套养量一般为 20～30 尾/667 米^3,产量可达 15～20 千克/667 米^3。现将翘嘴红鲌的相关混养技术介绍如下。

(一)混养翘嘴红鲌的原则

我国目前养殖的鱼类,从其生活空间看,可相对分为上层鱼类、中下层鱼类和底层鱼类 3 类。上层鱼类如鲢鱼、鳙鱼,中下层鱼类如草鱼、鳊鱼、鲂鱼等,底层鱼类如青鱼、鲤鱼、鲫鱼、鲮鱼、罗非鱼等。从食性上看,鲢鱼、鳙鱼摄食浮游生物和有机碎屑,草鱼、鳊鱼、鲂鱼主要摄食草类,青鱼主要摄食螺、蚬等软体动物,鲤鱼、鲫鱼(鲤鱼也吃软体动物)能掘食底泥中的水蚯蚓、摇蚊幼虫以及有机碎屑,鲮鱼、罗非鱼摄食有机碎屑和着生藻类。池塘单独养殖上述鱼类,水体中的空间和饵料生物(如小鱼、小虾等)不能被完全利用,可以套养翘嘴红鲌这种底栖性、杂食偏肉食性的鱼类。

在成鱼养殖池中混养翘嘴红鲌时,对主养鱼类没有特别的要求,如温和性的四大家鱼,肉食性的鳜鱼、鲈鱼等均可。池塘套养翘嘴红鲌时应充分考虑翘嘴红鲌个体小、杂食性偏肉食性、底栖性以及昼伏夜出等特点,确定套养原则。

第一,如果翘嘴红鲌套养在主养肉食性鱼类的池塘,对主养鱼类和翘嘴红鲌的规格都有一定的要求。翘嘴红鲌和主养鱼类同为肉食性鱼类,若两者规格相差较大,都有将对方作为饵料的危险。如果两者同为当年繁殖的鱼种,主养鱼类生长速度快,应当限定其最大规格;如果翘嘴红鲌为隔年鱼种,应当限定主养鱼类的最小规格。若主养鱼类为鳜鱼、鲈鱼,当翘嘴红鲌下塘时,要求鳜鱼、鲈鱼小于 4 厘米;若主养鱼类为大口鲶、斑点叉尾鲴,当翘嘴红鲌下塘时,主养鱼类应不大于 6 厘米。

第二,翘嘴红鲌为杂食性偏肉食性鱼类,食性与鲤鱼、鲫鱼、鲮鱼、罗非鱼等基本相同,而且栖息空间也相似。如果池塘主养这些鱼类,只能套养少量的翘嘴红鲌,只要对主养鱼类投喂足量的饲料,就不影响翘嘴红鲌的生长;如果池塘准备混养这些杂食偏肉食性的鱼类,完全可用翘嘴红鲌来取代,可以取得更好的经济效益。

(二)池塘环境

池塘大小、位置、面积等条件应随主养鱼类而定,但混养翘嘴红鲌的池塘必须是无污染的水体,pH 值在 $6.5 \sim 8.5$,溶氧量在 5 毫克/升以上,大型浮游动物、底栖动物、小鱼、小虾丰富。

(三)混养类型

主养滤食性、草食性鱼类的池塘,因翘嘴红鲌与主养鱼类的食性、生活习性等几乎没有矛盾,不需要因为混养翘嘴红鲌而减少放养量。

1. 以翘嘴红鲌为主混养其他鱼类　翘嘴红鲌是一种以肉食性为主的鱼类,自然条件下以小鱼、小虾、水生昆虫、植物碎屑为食。因此,养殖翘嘴红鲌的池塘,水体的下层空间和水体中的浮游生物尤其是浮游植物没有得到利用,可以套养一些摄食浮游生物的鱼类,如鲢鱼、鳙鱼,来控制水体浮游生物的过量繁殖,调节池塘的水质。在我国南方地区,由于适温期长,多采取这种方式。一般春季每 667 米² 放养规格为 4～6 厘米的翘嘴红鲌当龄鱼种2 000～3 000 尾和规格为 10～15 厘米的翘嘴红鲌 2 龄鱼种 100尾,再混养 10 厘米左右的鲢鱼、鳙鱼、草鱼 600 尾,采用密养、轮捕、捕大留小和不断稀疏的方法饲养。也可以采用另一种放养模式,即每 667 米² 放养翘嘴红鲌早繁苗 2 000～2 500 尾,或越冬鱼种 1 500～2 000 尾,其他鱼种为鲢鱼 250 尾(规格为 250 克),鳙鱼30～40 尾(规格为 250 克),草鱼 50 尾(规格为 500 克),鲤鱼 10尾(规格为 13 厘米)。每 667 米² 产量可达 800～1 000 千克,其中翘嘴红鲌产量占 70%～80%。在混养的鱼类中,尽量不要投放鲤鱼、鲫鱼和罗非鱼。这些鱼类的食性与翘嘴红鲌相近,特别是在投喂饲料的情况下,投喂的饲料被鲤鱼、鲫鱼和罗非鱼先行吃掉,这样会影响翘嘴红鲌的摄食和生长,降低产量。注意鱼种放养时,要用 3%～5%食盐水浸泡 10～15 分钟,并且先放翘嘴红鲌苗种,10～15 天后再放其他鱼种,以利于翘嘴红鲌的生长。

2. 以其他鱼类为主混养翘嘴红鲌　在常规成鱼池搭配翘嘴红鲌时,翘嘴红鲌可以一次放养,也可以多次轮放,这种混养方式翘嘴红鲌产量可占池塘总产量的 10%～20%。鱼种池混养翘嘴红鲌时,一般不混养翘嘴红鲌冬片鱼种,因其规格大、争食力强而影响草鱼、鲢等其他鱼种的生产。生产中通常每 667 米² 放养早繁苗的寸片 500～800 尾。放养数量随各地养殖方法不同而不同。根据不同主养鱼的生活习性和摄食特点,又分为以下几种。

(1)主养滤食性鱼类　在主养滤食性鱼类的池塘中混养翘嘴

红鲌时,在不降低主养鱼放养量的情况下,放养一定数量的翘嘴红鲌。放养密度随各地养殖方法而不同,一般每 667 米² 产 750 千克的高产鱼池中,每 667 米² 混养翘嘴红鲌 3～5 厘米鱼种 80～100 尾,在鱼鸭混养的塘中混养效果更好。

(2)主养草食性鱼类　草食性鱼类所排出的粪便具有肥水的作用,肥水中的浮游生物正好是鲢鱼、鳙鱼的饵料,俗话说"一草养三鲢",主养草食性鱼类的池塘一般会搭配有鲢鱼、鳙鱼。搭配有鲢鱼、鳙鱼的池塘混养翘嘴红鲌时,3～5 厘米的翘嘴红鲌下塘,放养量为每 667 米²150 尾,经过 1 年的饲养,出塘规格可达 500 克。

(3)主养杂食性鱼类　杂食性鱼类一般与翘嘴红鲌在食性和生态位上相互矛盾,但是翘嘴红鲌具有肉食性,还是可以利用水体中主养的杂食性鱼类无法利用的小鱼、小虾等。因此,主养杂食性鱼类的池塘仍然可以套养一定量的翘嘴红鲌。放养量一般为每667 米² 放养 3～5 厘米规格的翘嘴红鲌 30～50 尾,具体的放养量应视主养鱼类的食性、生态位以及小鱼、小虾的数量而定。

(4)主养肉食性鱼类　主养凶猛肉食性鱼类的池塘,其水质状况良好,溶氧量丰富,在饲养的中后期,由于主养的鱼类鱼体已经较大,很少再去利用池塘中的天然饵料,加上投喂主养鱼的剩余饵料可以很好地被翘嘴红鲌摄食利用。因此,主养凶猛肉食性鱼类的成鱼池塘中混养翘嘴红鲌时,放养量可以适当增加,每 667 米²可放养规格为 150 克的翘嘴红鲌 50～80 尾。翘嘴红鲌下塘的时间一般应在主养鱼类下塘 1～2 周之后。此时,主养鱼的规格多在10～12 厘米,并且对人工配合颗粒饵料有了一定的依赖性。

(四)混养实例

1. 四大家鱼亲鱼塘混养模式

(1)混养原理　这种模式主要适合于以四大家鱼人工繁殖为主而且规模较大的养殖场。亲鱼塘一般具有面积大、池水深、水质较好和放养密度相对较低等特点,在充分利用有效水体和不影响亲鱼生长的情况下,适当混养翘嘴红鲌,既可消灭池中小杂鱼,又可增加经济收入。

(2)池塘条件 池塘要选择水源充足、水质良好,水深为1.5米以上的成鱼养殖池塘。

(3)放养时间 翘嘴红鲌的放养时间一般在四大家鱼人工繁殖后(7月中下旬)进行。

(4)放养模式及数量 每667米^{2}放养40～50尾,可产商品翘嘴红鲌20～30千克,如以鲢鱼或鳙鱼为主养鱼的亲鱼池,每667米^{2}放养数量还可增加。若是以后备亲鱼为主的池塘,可在6月底至7月初每667米^{2}投放草鱼夏花鱼种1 000尾,为翘嘴红鲌提供鲜活饵料,而且少量存活下来的草鱼可成为较大规格的鱼种。

(5)饲料投喂 一般不需投喂,混养的翘嘴红鲌以池塘中的野杂鱼和其他主养鱼吃剩的饲料为食,如发现鱼塘中饲料不足可适当投喂。

(6)日常管理 每天坚持早、晚各巡塘1次,早上观察有无鱼浮头现象,如浮头过久,应适时加注新水或开动增氧机,傍晚检查鱼摄食情况,以确定翌日投喂量。另外,酷热季节和天气突变时,应加强夜间巡塘,防止发生意外。

适时注水,改善水质,一般15～20天加注新水1次,天气干旱时,应增加注水次数,如果鱼塘载鱼量高,必须配备增氧机,并科学使用增氧机。

定期检查鱼类生长情况,如发现生长缓慢,则需加强投喂。

做好病害防治工作,鱼体下塘前要用3‰食盐水浸浴10分钟或用防水霉菌的药物浸浴。5月份、7月份、9月份分别用杀虫药全池泼洒1次,防止寄生虫侵害;在正常情况下,如2～3天大幅度减食,应用杀虫药全池泼洒,杀灭水体寄生虫。

(7)放养优点 成活率高,投入少、产出大,成鱼起捕可在翌年亲鱼人工繁殖时进行,所以不影亲鱼的生长。

2. 成鱼养殖池混养模式

(1)混养原理 这种养殖模式主要适合于一般的常规成鱼养殖,根据各种鱼类的食性和栖息习性不同进行搭配混养,是一种比较经济合理的养殖方式。成鱼池一般小杂鱼类较多,是翘嘴红鲌的适口鲜活饵料,混养翘嘴红鲌后有利于逐步清除小杂鱼,减轻池中溶氧消耗、争食等弊端,同时可增加单位产量。

(2)池塘条件 池塘要选择水源充足、水质良好,水深为 1.5 米以上的成鱼养殖池塘。

(3)放养时间 翘嘴红鲌善于跳跃,鳞片疏松,难以运输,容易受伤。因此,鱼种放养应与其他鱼种同时进行,以在元旦、春节前后放养为好,放养时应用药物杀菌消毒,主要防止水霉菌感染,一般用食盐或抗水霉菌鱼药即可。

(4)放养模式及数量 鱼种规格一般要求在 15～20 厘米,混养比例为 10%～15%,即每 667 米^2 放养 80～120 尾,可产翘嘴红鲌商品鱼 40～60 千克。

(5)饲料投喂 一般不需投喂,混养的翘嘴红鲌以池塘中的野杂鱼和其他主养鱼吃剩的饲料为食,如发现鱼塘中饲料不足可适当投喂。

(6)日常管理 与四大家鱼亲鱼塘混养模式相同,可参考前述内容。

(7)放养优点 这种模式在我国各地普遍采用,尤其适合于中小型养殖户,其优点是管理方便,不影响其他鱼类生长,技术要点是常规鱼种放养时规格要求大一些,夏季高温期间要适时开启增氧机,以防鱼类泛池死亡。

3. 蟹、鲌混养模式

(1)混养原理 这种养殖模式主要是根据河蟹单养产量较低,水体利用率偏低,池塘中野杂鱼多,且河蟹和翘嘴红鲌之间栖息习性不同等特点而设计，可提高水体利用率。

（2）池塘条件　池塘要选择水源充足，水质良好，注、排水方便，面积为 20 010～66 700 米²，水深为 1～1.5 米的成鱼养殖池塘。

（3）池塘消毒　放养前每 667 米² 用生石灰 75～100 千克进行干塘消毒，以彻底杀灭池塘内的病原体。

（4）防逃设施　做好河蟹的防逃工作是至关重要的，具体的防逃工作和设施应与池塘精养河蟹一样，不可放松。

（5）放养准备　放养前 1 个月，每 667 米² 种植水草（伊乐藻）100 千克，放养螺蛳 500 千克。

（6）苗种放养时间　翘嘴红鲌冬片放养时间为当年 12 月份至翌年 3 月底之前。

（7）放养模式及数量　河蟹以长江水系河蟹培育的蟹种为好，每 667 米² 放养 200 只/千克左右的蟹种 350 只，放养 10～15 厘米规格的冬片鱼种 40～120 尾，混养夏花养成鱼种的每 667 米² 可放养 3～4 厘米规格夏花 500～1 000 尾，搭配放养白鲢鱼种 20 尾，花鲢鱼种 40 尾。

（8）饲料投喂　动物性饲料以活螺蛳与杂鱼为主，植物性饲料以水草、玉米、蚕豆、南瓜为主，投喂配合饲料量则根据蟹、鲌两者体重计算，每日投喂 2～3 次，投喂率一般掌握在 5%～8%，具体视水温、水质、天气变化等情况灵活调整。投喂饲料时翘嘴红鲌一般只吃浮在水面上的饲料，投放进去的部分饲料因来不及被鱼吃掉而沉入水底，而河蟹则喜欢在水底摄食，两者各取所需，可以起到养殖双丰收的效果。因此，在池塘中固定食场，有利于翘嘴红鲌摄食。另外，投喂数量根据蟹的自然生长量及季节、天气变化而调节。

（9）日常管理

①水质管理　水位随水温的升高而逐渐增加，水质要保持清

新,水色清嫩,透明度在 35～40 厘米,夏季坚持勤加水,以改善水体环境,使水质保持高溶氧量。

②病害防治 对蟹病防治主要以防为主,防治结合,重视生态防病,以营造良好生态环境从而减少疾病发生。平时要定期泼洒生石灰、磷酸二氢钙以改善水质,如果发病,用药要注意兼顾河蟹、翘嘴红鲌对药物的敏感性。

③巡塘 一是观察水色,注意蟹和鲌的动态;二是要检查防逃设施,观察残饵情况,并详细记录养殖情况,随时采取应对措施。

(10)放养优点 混养的河蟹一般规格可达到 125 克/只以上,每 667 米^2 产翘嘴红鲌 20～50 千克,混养夏花培育成鱼种可达到 10～15 厘米的规格,每 667 米^2 产量在 15～25 千克。

4. 围网养蟹混养模式

(1)混养原理 这种养殖模式主要是根据围网中河蟹单养产量较低,水体利用率偏低,围网内的野杂鱼多,且河蟹和翘嘴红鲌之间栖息习性不同等特点而设计,这种模式也可提高水体利用率。

(2)围网要求及防逃设施 围网通常设置在湖泊上,具体设置方法同围网养殖一样,防逃设施在网片上加设双层硬质塑料薄膜即可。

(3)放养时间 放养时间在当年冬季至翌年 3 月底之前。

(4)放养模式及数量 围网养蟹水域中混养翘嘴红鲌以大规格鱼种养成成鱼的养殖方式较为适宜,以免规格过小的鱼种外逃。每 667 米^2 可放养 15 厘米以上的鱼种 15 尾左右。

(5)饲料投喂 大水面养殖中套养翘嘴红鲌一般不需投喂,仅依靠自然水体中的野杂鱼和天然饵料为食即可。

(6)日常管理

①检查防逃设施 在围网中混养翘嘴红鲌,由于围网易受到多种因素的影响造成破损,稍不注意,将造成翘嘴红鲌外逃,因此检查围网是否完好,不但是养蟹需要重视的关键之一,也是混养翘

嘴红鲌的关键工作。必须勤检查,做好防逃工作。

②病害防治 围网养殖由于水体是流动的,生态环境条件较好,在养殖中病害较少,只需在放养时注意操作,不要让鱼体受伤,并且严格消毒就可以了。

③收获 可在养殖河蟹大部分或全部收获后,在围网内用丝网张捕上市。

(7)放养优点 混养的河蟹一般规格可达到 125 克/只以上,每 667 米² 可收获翘嘴红鲌 10 千克左右。

5. 珍珠蚌养殖池混养模式

(1)混养原理 这种养殖模式主要根据珍珠蚌与翘嘴红鲌的食性、栖息习性不同和珍珠蚌养殖池野杂鱼较多的特点而设计。

(2)池塘条件 池塘要选择水源充足、水质良好、水深为 1.5 米以上的成鱼养殖池塘。

(3)放养时间 一般在每年的冬季或翌年 3 月份前进行。

(4)放养模式及数量 每 667 米² 套养翘嘴红鲌鱼种的数量可随养殖场(户)的管理、养殖技术进行调整,如对翘嘴红鲌投喂饲料可适当多放,通常套养 6～10 厘米规格翘嘴红鲌鱼种 150～200 尾。

(5)混养优点 这种套养模式对珍珠蚌的生长无影响,同时可充分提高池塘水体利用率,从而达到蚌鱼双丰收。

6. 蟹、鲌、蚌混养模式

(1)混养原理 这种养殖模式主要是根据河蟹单养产量较低,水体利用率偏低,池塘中野杂鱼多,且河蟹、珍珠蚌和翘嘴红鲌之间食性、栖息习性不同等特点而设计。利用蟹、鲌栖息习性不同和对水质要求相似的特点,进行蟹、鲌混养,可有效地使养蟹水域中的野杂鱼转化为保持野生品味优质鲌鱼,这种模式可提高水体利用率。在池塘养殖中,通过种植水草、适量投放螺蛳、补充部分饵料鱼和抱卵青虾等办法,使河蟹平均每 667 米² 产量 50 千克,出

塘规格达 135 克/只,回捕率 75%;放养春片鱼种出塘鲌鱼规格
500 克/尾,回捕率约 80%,每 667 米² 产量约 20 千克;河蚌产量
700 千克,增收 300 余元。放养 2 龄鱼种,每 667 米² 产量 20 千克
左右,出塘规格 1 200 克/尾,回捕率约 80%,河蚌 500 千克,每 667
米² 增收近 600 元。大水面围栏养殖中,每 667 米² 产量河蟹 23
千克,规格达 145 克/只;河蚌产量 330 千克,回捕率 76%。放养
春片鱼种,每 667 米² 产量为 12 千克,出塘规格 635 克/尾,回捕率
约 75%;河蚌产量为 435 千克,每 667 米² 增收 200 余元。放养 2
龄鱼种,每 667 米² 产鲌鱼 13 千克,出塘规格为 1 500 克/尾,回捕
率超过 80%;产河蚌 350 千克,每 667 米² 增收超过 400 元。

(2)池塘条件 可利用原有蟹池,也可利用养鱼池加以改造。
池塘要求水源充足、水质良好、水深为 1.5 米以上。围栏网水域要
求水草覆盖率达 50% 以上,池底淤泥在 30 厘米左右,正常水位
1.5 米,汛期水位为 2~3.5 米。

(3)准备工作

①清整池塘 利用冬闲季节,将池塘中过多的淤泥清出,干塘
冻晒。加固塘埂,使池塘能保持水深达到 1.8 米以上。消毒清淤
后,每 667 米² 用生石灰 75~100 千克化浆全池泼洒,以杀灭黑鱼
等敌害。

②注水 在蟹种投放前 20 天即可注水,水深达到 50~60 厘
米,进水时要用 60 目筛绢布严格过滤。

③种草 应移植水草,使河蟹有良好栖息环境。水草培植一
般可播种苦草或移栽伊乐藻、轮叶黑藻、金鱼藻和聚草等。种植苦
草,每 667 米² 水面用种 200~350 克,从每年 4 月 10 日开始分批
播种,每批间隔 10 天。播种期间水深控制在 30~60 厘米,在苦草
发芽和幼苗期,应投喂土豆丝等植物性饲料,以减少鱼、蟹对草芽
的破坏。水草难以培植的塘口,可在 12 月份移植伊乐藻,行距 2
米,株距 0.5~1 米。整个养殖期间水草总量应控制在池塘总面积

的 50%～70%。水草过少要及时补充移植,过多应及时清除。

(4)防逃设施　可采用麻布网加缝塑料板或塑料薄膜作为防逃设备,也可以就地取材,以不逃蟹为原则。防逃网布选择宽度为 1.2～1.5 米的麻布,用直径为 4～5 毫米的优质聚乙烯绳作为上纲,缝在网布的上缘,缝制时纲绳必须拉紧,针线从纲绳中穿过。然后选取长度为 1.5～1.8 米的木桩或毛竹,削掉毛刺,打入泥土中的一端削成锥形或锯成斜口,沿池埂将桩打入土中 50～60 厘米,桩间距 3 米左右,并使桩与桩之间呈直线排列,池塘拐角处呈圆弧形。将网的上纲固定在木桩上,使网高不低于 80 厘米,网的下缘埋入土中,形成平整的网墙。最后在网的上部缝上塑料板或厚塑料薄膜,宽度为 35 厘米,针距以小蟹逃不出为准,针线拉紧。值得注意的是在进、出水口也要用铁丝网制成防逃栅,防止河蟹逃跑。

(5)放养时间　河蟹放养时间在每年冬季或翌年 3 月底之前进行,河蚌和鲌鱼种放养时间宜在 4 月 1 日前后。

(6)放养模式及数量　蟹种的选择应该优先考虑长江天然苗培育的蟹种,其次是种质优良的人工繁殖苗培育的蟹种。蟹种要求体色鲜亮,无残无病,活动力强,无第二性特征。每 667 米² 放养 200 只/千克左右规格的蟹种 400～500 只,体长 10～15 厘的鱼种 40～120 尾,围栏网每 667 米² 投放 35 尾,投放河蚌幼苗 250 千克。

(7)饲料投喂　鲌鱼饲料的来源有 7 个方面:一是水域中的野杂鱼;二是水域中培育的饵料鱼;三是喂蟹吃剩的野杂鱼(死鱼);四是 6 月下旬每 667 米² 放 3 000 尾鲢、鳙夏花;五是在生长后期饵料鱼不足时,应补充足量饵料鱼供鲌鱼和河蟹摄食;六是剖杀河蚌供河蟹和鲌鱼共同摄食;七是投喂配合饲料,投喂量则主要根据蟹、鲌两者体重计算,每日投喂 2～3 次,投喂率一般掌握在 5%～8%,具体视水温、水质、天气变化等情况调整。同时,河蚌在繁殖时产出的幼蚌可为河蟹提供充足的动物性天然饵料。三者饲养各取所需,可以起到养殖大丰收的效果。

(8)日常管理

①水质管理　水质要保持清新,经常注入新水,使水质保持高溶氧量。池塘前期水温较低时,水宜浅,水深可保持在 50 厘米,使水温快速提高,促进河蟹蜕壳生长。随着水温升高,水深应逐渐加深至 1.5 米,底部形成相对低温层。

②施肥　水草生长期间或缺磷的水域,应每隔 10 天左右施 1 次磷肥,每次每 667 米² 用 1.5 千克,以促进水生动物和水草的生长。

③巡塘　每日巡塘,主要是检查水质、观察河蟹摄食情况和池中饵料鱼的数量,及时调整投喂量;大风大雨过后及时检查防逃设施,如有破损及时修补,如有蛙、蛇等敌害及时清除。大水面养殖时注意防逃、防漏。

④病害防治　重视生态防病,如果发病,用药要注意兼顾河蟹、翘嘴红鲌、河蚌对药物的敏感性。

(9)捕捞销售　进入 9 月份(长江蟹可推迟至 10 月 20 日后),可用地笼等渔具先将河蟹捕捞上市。10 月份后,可干塘将剩余的河蟹一次性捕捞上市,鲌鱼可上市或转塘。大水面养殖可用网具捕捞鲌鱼。最后用脚踩手摸的方法取出河蚌暂养,最好在春节前后出售,价格相当可观。

(10)混养优点　这种套养模式可充分提高池塘水体利用率,从而达到河蟹、珍珠蚌和鲌鱼大丰收。

7. 罗非鱼混养模式

(1)混养原理　这种养殖模式主要是根据罗非鱼繁殖力强、性成熟早、在静止水体内能自然繁殖,孵出的鱼苗能为翘嘴红鲌提供活饵料,又因罗非鱼与翘嘴红鲌食性和生活习性不同等特点而设计。罗非鱼不耐低温,当水温低于 15℃时,即处于休眠状态,在我国长江流域一带,养殖期只有 6 个月时间,池塘空闲达 5 个月之多,而翘嘴红鲌在冬季仍能摄食生长,养殖池可利用这段时间作为较小规格翘嘴红鲌鱼种的囤塘培育,开春后出池分养或多余部分出售,从而提高水体利用率和养殖效益。

(2)池塘条件　池塘要选择水源充足、水质良好,水深为 1.5 米以上的成鱼养殖池塘。

(3)放养时间　罗非鱼冬片鱼种放养在 5 月份进行,翘嘴红鲌的放养时间与一般养殖模式的放养时间一致。

(4)放养模式及数量　一般每 667 米^2 套养 5～10 厘米规格的翘嘴红鲌鱼种 20～30 尾,可产成鱼 15～20 千克。

(5)混养优点　翘嘴红鲌套养成活率高,生长快,可有效控制罗非鱼大量繁衍,从而达到减轻池塘养殖密度和增产、增收的目的。

8. 80∶20 养殖模式

(1)80∶20 养殖的基本理念

80∶20 池塘养殖模式是由美国墨奥本大学史密脱教授针对中国的具体情况而设计的,与传统的混养模式相比,80∶20 池塘养殖模式在技术上和经济上具有明显的优势,近年来逐渐为广大渔民所接受,已从试验转向大面积推广,2004 年全国 80∶20 池塘养殖规模达到 13 万公顷,平均每 667 米^2 产量 550 千克,效益达 2 000 元左右。

80∶20 池塘养鱼是指池塘养鱼收获时,80％的产量是由一种摄食颗粒饲料、较受消费者欢迎的高价值鱼类所组成,而其余 20％的产量则是由被称为"服务性鱼"的鱼类所组成。这种养殖模式的基础是投喂颗粒饲料。

80∶20 池塘养鱼模式在生产实践中,可以用于从鱼苗养至鱼种,也可以用于从鱼种养至商品鱼。任何一种能够吞食颗粒饲料的池塘养殖鱼类都可以作为占 80％产量的主养鱼,翘嘴红鲌是非常合适的养殖对象。

(2)80∶20 池塘养殖模式的技术要点

第一,用标准方法准备养鱼的池塘。

第二,将规格均匀一致的能摄食颗粒饲料翘嘴红鲌鱼种和规格比较均匀的滤食性鱼类(如鲢鱼)鱼种放养到已准备好的池塘中,使这些鱼类在收获时,大致分别占总产量的 80％和 20％。

第三,采用一种营养完全、物理性状好的颗粒饲料,按规定的数量和方法投喂占 80％产量的那部分鱼类。

第四,养殖期间,将池塘水质保持在一个不会引起鱼类应激反应的水平。采用标准的方法管理池塘,减少增氧和换水。

第五,在养殖周期结束时,能一次性收获所有鱼类,主养鱼的个体应该是大小均匀、市场适销的。

(3)80∶20 池塘养殖的具体操作

①池塘的要求　池塘面积以 667～4 002 米^2 为宜,水深为 1.2～1.8 米,水位应保持稳定,没有严重漏水情况;底质以黑壤土最好,黏土次之,沙土最差;池塘的底部和水中不应堆积树叶、树枝或类似物,池形一般规则整齐,以东西向的长方形(长宽比 3∶2)为好;池塘周围不应有高大的树木和房屋;堤埂坚固,不漏水,堤面要宽;堤岸高度应高出水面 30～50 厘米。

②水源和水质　水源必须充足,注、排水方便,水质良好,不含对鱼类有害的物质,且水呈绿色为好。

③放养前的准备　冬季或早春将池水排干,让池底冰冻日晒,使土质疏松,减少病害。然后挖除过多淤泥,修补堤埂,填好漏洞,整平池底。鱼种放养前 10～15 天用生石灰带水或干法清塘。在取得鱼种之前,要检查运输、操作和放养鱼种所需的所有设施和设备,还要确保饲料的供应。

④池塘放养　鱼种规格应该均匀一致,一般为 100～150 克/尾。放养的白鲢、花鲢鱼种为 50～100 克/尾。必须选择无鱼

病、健康状况好的鱼种,其主要标志是体色一致,皮肤上无溃疡、疮疤或斑点,鳍条完整,并且游动活泼,不易捕捉。

翘嘴红鲌鱼种放养时的水温最好在 10℃ 左右,每 667 米² 放养翘嘴红鲌 1 000～1 200 尾,放养白鲢、花鲢鱼种 150～200 尾。

(4)饲料的质量要求和投喂技术

①饲料的质量要求 投喂高质量的饲料可以使鱼类保持良好的健康状况和最佳的生长,得到最佳的产量。尽可能减少可能给环境带来危害的废物,为最佳的利润支付合理的成本。使用较高营养价值和良好物理性状的饲料是 80∶20 池塘养鱼技术的关键,较高的营养价值是指将高质量的原料按一定比例配合成能满足鱼类所有营养需求的饲料,良好的物理性状是指制成的颗粒饲料具有干净牢固的外形,浸泡在水中至少能稳定 10 分钟以上。饲料的具体质量要求如下:必须制成颗粒状,必须营养完全;饲料的粗蛋白质含量为 30%～35%,并应在出厂后 6 周内用完,因为存放时间过久,维生素和其他营养物质会损失,并会受到霉菌和其他微小生物的破坏;饲料应贮藏在干燥、通风、避光和阴凉的仓库中,防止动物和昆虫的侵扰。

②投喂技术 为使鱼的生长和饲料系数之间达到平衡,每次投喂和每天投喂的最适宜饲料量应为鱼饱食量的 90% 左右。

池塘中鱼类摄食饲料的数量主要与水温和鱼的平均体重有关,投喂时必须掌握以下几条原则:

第一,最初几天以 3% 的投喂率投喂,当鱼能积极摄食后,鱼会在 2～5 分钟内吃完这些饲料。

第二,训练翘嘴红鲌在白天摄食。投喂的时间最好是在 8 时至 16 时,或黎明后 2 小时至黄昏前 2 小时。

第三,严格避免过量投喂,过量投喂的标志是在投喂后 10 分钟以上,还有剩余的饲料未被鱼吃完。

其他管理内容与常规混养相同。

（五）混养管理

在以上各种主养类型的池塘中混养翘嘴红鲌，都是利用主养鱼类的剩余空间，摄食主养鱼类剩余的饲料和主养鱼类不摄食的天然饵料。因此，混养翘嘴红鲌的池塘在饲养管理上主要是针对主养鱼类来进行，针对翘嘴红鲌的饲养管理并不多，管理的要求也不高。

1. 施肥和水质调控 翘嘴红鲌喜肥水，池塘饲养除了施足基肥外，还要及时施追肥，追肥应按"多施、勤施、看水施肥"的原则来进行。一般每周施粪肥 150～300 千克或绿肥 50 千克，粪肥必须经腐熟后加水稀释泼入塘中，绿肥采取池边堆放浸积的方法施用。也可使用化肥，如尿素 1.5～2.5 千克，过磷酸钙 3 千克。在早春和晚秋，水温较低，有机物质分解慢，肥力持续时间长，追肥应量大次少；晚春、夏季、早秋水温高，鱼摄食旺盛，有机物分解快，浮游生物繁殖量多，鱼类耗氧量大，加上气候多变，水质易发生变化，追肥应量少次多。

池塘施肥主要看水色来定，如池水呈油绿色、褐绿色、褐色和褐青色，水质肥而爽，不浑浊，透明度在 25～30 厘米，可以不施肥。如果水质清淡，呈淡黄色或淡绿色，透明度大，要及时追肥。如果池水过浓，变黄、发白和发黑等，说明水质已开始恶化，应及时加换新水调节水质。同时，通过合理投喂和使用生石灰，调节池水肥度。

2. 巡塘观察 是最基本的日常工作，同主养翘嘴红鲌一样要求每天巡塘 3 次。

3. 饲料台检查 每天傍晚应检查饲料台上有无残饵，以便调整翌日的投喂量。饲料台在高温酷暑季节还应每周用 30 毫克/升漂白粉溶液清洗消毒。

（六）捕　捞

对套养的翘嘴红鲌，捕捞方法多种多样，可以依据主养鱼的出池规格要求和饲养周期等具体情况，选择灵活的捕捞方法。既可以同主养鱼一起用拉网捕出或进行干塘捕捞，也可以同主养鱼一样进行轮捕轮放，捕大留小，还可以用刺网、撒网捕捞。

三、网箱养殖翘嘴红鲌

小体积高密度网箱养鱼技术是由美国墨奥本大学史密脱教授提出并在中国推广的，目前我国小体积高密度网箱养殖规模已达10 万米^3。近年来，库区群众采捕野生苗种进行翘嘴红鲌网箱养殖，养殖产量每 667 米^2 可以达到 5 000～20 000 千克，饲料系数2.5～3.5，平均增肉倍数 30，经济效益非常显著。

小体积高密度网箱养鱼是与传统大体积低密度网箱养鱼相对而言的，它是建立在水体交换原理基础上的，它的基本依据是小体积网箱的水体交换比大网箱更快，可以创造并保持更好的水质条件。

（一）网箱养殖翘嘴红鲌的特点

1. 不与农田争地　网箱养殖翘嘴红鲌，以其独特的方式，把不便放养、很难管理和无法捕捞的各类大中型水体用来养鱼，既不与农业争土地，又开发了水域渔业生产力。

2. 有优良的水环境　网箱一般都设在水面宽广、水流缓慢、水质清新的大中型水域的水面，其环境大大优于池塘，溶氧量一般在 5 毫克/升以上，密集的鱼群可以定时得到营养丰富的食物，又不必四处游荡，所以有利于其尽快生长发育。

3. 便于管理　网箱是一个活动的箱体，可以根据不同季节、不同水体灵活布设,拆装都十分方便。由于网箱占地面积不大,可以集中在一片水域集中投喂、集中管理。发现鱼病,可以统一施药。在养殖到一定阶段,也便于捕大养小,随时将达到商品规格的鱼及时送往市场,这样一方面可以均衡鲜鱼上市,还疏散了网箱密度,有利于个体小的鱼类快速长成。

4. 产量高　网箱养殖翘嘴红鲌产量惊人,据安徽省天长市农业委员会渔业局统计,每 667 米² 网箱养殖翘嘴红鲌的产量,相当于 4 公顷精养高产池塘的产量,其经济效益相当高。

5. 风险大,投入高　网箱养殖翘嘴红鲌和所有养殖业一样同样存在风险,因为鱼群是高度密集的,在遇到鱼病、气候突然变化时所造成的损失也就很大。所以,发展网箱养鱼,必须有敢于承担风险的思想准备。

网箱养鱼如果使用钢制框架和自动投喂设备,一次性投入还是很高的。另外,网箱鱼类一日无粮、一天不长,所以若按每 667 米² 产 4 万千克鱼计算,就要有 7.5 万千克的饲料预支,这笔资金将不低于 40 万元。

6. 必须在环保部门允许之后才能开展具体工作　网箱养鱼若管理不当,同样是一项对环境污染十分严重的生产活动。现在不少的网箱养鱼水域,都因网箱密度太大,导致水质恶化,对环境和人类生存造成威胁。北京的密云水库、海子水库、怀柔水库都曾发展过网箱养鱼业,但是由于对水库产生严重的污染,目前已全面禁止网箱养鱼。网箱养鱼作为一种先进的养殖形式,其发展必须适度,要在水域自净能力范围内适当推广,这也是淡水渔业可持续发展和鱼类健康养殖值得重视的问题。笔者认为,网箱养殖翘嘴红鲌的面积应占整体水面的 2.8%～3.5%,如果比例过大,翘嘴红鲌产生的废弃物不能在短时间内被水体中的异养生物快速消化,从而导致水体富营养化,这对水质的持续稳定是非常不利的。

(二)网箱设置地点的选择

网箱养殖翘嘴红鲌养殖密度较高,要求网箱设置地点应水深合适、水质良好、管理方便。这些条件的优劣都将直接影响网箱养殖的效果,在选择网箱设置地点时,都必须认真加以考虑。

1. 周围环境 要求设置地点的承雨面积不大,应选在背风、向阳、水质清新、风浪不大、比较安静、无污染、水体交换量适中、有微流水、周围开阔没有水老鼠、附近没有有毒物质污染源的地方,同时要避开航道、坝前、闸口等水域。

根据生产实践,网箱养殖翘嘴红鲌宜选择在向阳背风的深水库湾安置网箱,一方面可以避免网箱在枯水期时碰底,另一方面深水库湾处风浪小,可以减少鱼群的应激反应。上游有化肥厂、农药厂、造纸厂等污染源的水域以及航道、码头附近的水域均不宜安置网箱。

2. 水体环境 网箱养殖模式适合于江河、湖泊、外荡、水库等大水面水域,水域底部要平坦,淤泥和腐殖质较少,没有水草,深浅适中,常年水位保持在 2～6 米。水域要宽阔,水位相对要稳定,水流畅通,常年有微流水,流速在 0.5～1.2 米/秒。另外,面积要求在 33 350 米^2 以上,水深达 2 米以上,池水透明度在 1 米左右,周边无化工类企业和污水排放源,要求水中溶氧量在 5 毫克/升以上,pH 值为 7～8.5。

3. 水质条件 养殖水温在 18℃～30℃为宜,水质要清新、无污染,溶氧量在 5 毫克/升以上,其他水质指标要完全符合渔业水质标准。

4. 管理条件 要求离岸较近,电力通达,水路、陆路交通方便。

（三）网箱的结构与架设

1. 网箱的结构　养殖翘嘴红鲌多用封闭式浮动网箱，由箱体、框架、锚石、锚绳、沉子、浮子5部分组成。

（1）箱体　是网箱的主要结构，通常用竹、木、金属丝或合成纤维网片制成。生产上主要用聚乙烯网线等材料，编织成有结节网和无结节网2种。所编织的网片可以缝制成不同形状的箱体。为了装配简便，利于操作管理和接触水面范围大，箱体通常为长方形或正方形。箱体面积一般为5~30米^2，选用网目为1~3厘米的聚乙烯网片制作。一级和二级网箱的规格有2米×1.5米×1.5米或3米×2米×2米，三级网箱的规格有4米×4米×2米、4米×5米×2米或5米×5米×2.5米等几种。网箱箱面1/3处设置饲料框。

（2）框架　采用直径10厘米左右的圆杉木或毛竹连接成内径与箱体大小相适应的框架，框架可承担浮力使网箱漂浮于水面，如浮力不足可加装塑料浮球。

（3）锚石和锚绳　锚石是重约50千克的长方形毛条石。锚绳为直径8~10毫米的聚乙烯绳或棕绳，其长度以设箱区最高洪水位的水深来确定。

（4）沉子　用8~10毫米的钢筋、瓷石或铁脚子（每个重0.2~0.3千克）安装在网箱底网的四角和四周。1只网箱沉子的总重量为5千克左右。沉子的作用是使网箱下水后能充分展开，保证实际使用体积和不磨损网箱。

（5）浮子　框架上装泡沫塑料或油桶等做浮子，均匀分布在框架上或集中置于框架四角以增加浮力。

2. 网箱的架设　网箱架设通常有浮动式和固定式2种，在生产中又细分为敞口浮动式、封闭浮动式和敞口固定式、封闭固定式。各种水域应根据当地特点，因地制宜选用适宜的网箱，并架设在符合标准的水域内。注意敞口浮动式网箱必须在框架四周加设防逃网,敞口固定式网箱的水上部分应高出水面 0.8 米左右,以防逃鱼。

所有网箱的安置均要牢固成形,网箱设置时,先将 4 根毛竹插入泥中,然后将网箱四角拴上沉子并用绳索固定在毛竹上,沉入水底,调整绳索的长短,使网箱固定在一定深度的水中,可以升降,调节深浅,以防风浪水流将网箱冲走,确保网箱养殖的安全。网箱放置深度应根据季节、天气、水温而定,春秋季水深可在 30～50 厘米,7～9 月份天气炎热,水温较高,可放到 60～80 厘米深。

网箱设置时既要保证网箱能有充分的水体交换条件,又要保证管理上的操作方便,常见的方法是串联式网箱设置和双列式网箱设置。翘嘴红鲌喜肥水,所以网箱地点应选择在上游浅水区,设置区的水深最少在 2.5 米以上。对于新开发的水域,网箱的排列不能过密。在水体较开阔的水域,网箱排列的方式可采用"品"字形、"梅花"形或"人"字形,网箱的间距应保持在 3～5 米。串联网箱每组 5 个,两组间距 5 米左右,避免相互影响。对于一些以蓄、排洪为主的水域,网箱排列以整行、整列布置为宜,以免影响行洪流速与流量。

(四)放养前的准备

1. 贮备饲料 翘嘴红鲌进箱后 1～2 天内就要投喂,因此要事先准备好饲料。饲料要根据翘嘴红鲌进箱的规格准备,若进箱规格小,未经驯食或驯食不好,应准备新鲜的动物性饲料;若进箱规格大,已经驯食,应准备相应规格的人工颗粒饲料。

2. 备好网箱 应根据进箱鱼种的规格准备相应规格的网箱。如果进箱规格为 5 厘米,应准备好三级网箱,规格为 8 厘米应准备二级网箱,规格为 10 厘米以上则准备一级网箱。

3. 进行安全检查 网箱在下水前及下水后,应对网体进行严格的检查,如果发现破损、漏洞应马上修补,以确保网箱的安全。

(五)鱼种放养

1. 放养规格 网箱养殖密度高,如果投放小规格鱼苗,即使是投喂人工饲料,还存在驯食过程以及小规格苗种对人工饲料不适应等问题。而投放经过驯食的大规格鱼种,进箱后就可以投喂人工饲料,生长较快。

2. 放养密度 应结合水质条件、水流状况、溶氧量高低、网箱的架设位置以及饲料配方和加工技术等进行综合考虑,一般放养100~150克的鱼种,放养密度为160~250尾/米³。

放养密度还应根据水质状况而定。水体透明度不小于80厘米的养殖水域,单位体积的产量可设计为200千克/米³;水体透明度大于100厘米的养殖水域,单位体积的产量可设计为300千克/米³。放养密度可按以下公式计算:

放养密度=每立方米水体设计产量÷收获时个体重

如果是第一次进行网箱养鱼,建议放养量以收获时每立方米达到300千克计算,若收获时鱼的平均尾重达到1 000克,则放养密度为300尾/米³。一般在放养后7~10天内,鱼种有1‰~2‰的死亡率。但是,如果鱼种的健康状况良好,而且操作仔细,鱼种的成活率可以达到100%。

翘嘴红鲌的网箱养殖,目前常采用4级放养。第一级从3厘米长养至8厘米左右,第二级从8厘米长养至12厘米,第三级从12厘米左右养至17厘米长,第四级从17厘米长养至成鱼上市。第一级入养密度为400~600尾/米²,第二级为300~400尾/米²,第三级为200~350尾/米²,第四级放养密度为100~150尾/米²。

鱼种从培育池中进入网箱,应注意以下事项。

第一,在水温达到5℃左右时再进箱,此时翘嘴红鲌鱼种活动能力较弱,不会过分跳跃,每只网箱的数量应一次放足。

第二,每只网箱应放养同批苗种,规格整齐,体质健壮,否则很容易造成苗种生长速度不一致,大小差别较大。

第三,进箱时,温差不得超过 3℃,如果温差过大,应进行调节。

第四,进箱时间最好选在晴天,阴天、刮风下雨时不宜放养。

第五,在翘嘴红鲌苗种的捕捞、装运和进箱等操作过程中,要求操作过程快捷、精心细致,尽可能避免苗种受伤。

第六,鱼种在进箱之前,应进行消毒,以防止水霉和寄生虫感染。可用 3%～5%食盐水浸洗 5～10 分钟,或用 0.5%食盐水和 0.5%小苏打溶液混合浸洗鱼体,浸洗时间的长短,可视鱼种的耐受能力而定。

(六)饲料投喂

在安徽、江苏、浙江和上海等地翘嘴红鲌基本上全年摄食,在其他地区只要水温高于 5℃就会摄食,因此必须及时投喂。通常饲喂翘嘴红鲌的饲料主要有以下几类:一是活的饵料鱼,这样的饵料鱼对于防病和提高成鱼的品质有极大好处。二是冰鲜鱼、家禽下脚料和蚕蛹等,这样的饲料可以降低饲料成本和提高规模化程度。三是人工配合饲料,主要是翘嘴红鲌专用的膨化饲料。

由于第一类和第二类饲料的来源不能得到充分保证,所以现在养殖户或养殖单位在利用网箱养殖翘嘴红鲌时,基本上都采用投喂动物性饲料(螺、贝、小鱼、小虾和畜禽下脚料等)和配合饲料相结合的方法,而配合饲料以浮性颗粒饲料投喂效果好,也最方便实用。用聚乙烯网布将网壁和箱面 1/3 处拦截成饲料框,饲料框入水 25 厘米。由于鱼的游动和风浪使浮性颗粒饲料在饲料框内漂动,使翘嘴红鲌认为是活饵在动,就会争着抢食。一般使用浮性颗粒饲料饲养 1 周后,鱼就会习惯摄食浮性颗粒饲料了。

投喂高质量的颗粒饲料是极其重要的,饲料必须营养齐全,要加入维生素和矿物质预混剂,还应额外添加维生素 C 和磷脂,粗蛋白质含量一般应为 32%～36%。日投喂量主要根据翘嘴红鲌的体重和水温来确定。相对于池塘养殖而言,网箱养殖时翘嘴红鲌完全靠人工饲料生长,饲料浪费量较大。因此,饲料的日投喂量要比池塘养殖高 10%左右。当水温在 18℃～23℃时,投喂率为5%～7%;水温在 24℃～30℃时,投喂率为 7%～10%;水温超过30℃时,投喂量应减少,超过 35℃时停止投喂。

　　饲料必须有良好的适口性,随着鱼体的生长,颗粒饲料的粒径也应随之变化(表 4-1)。

表 4-1　鱼种规格与颗粒饲料粒径的变化

鱼种规格(克/尾)	颗粒饲料粒径(毫米)
50～100	2.2
100～200	3.2
200 以上	4.2

　　从鱼种入箱之日起每隔 28 天,随机选择 25%的网箱进行抽样称重,以便确定下一阶段养殖的投喂率和投喂量。每箱抽样的尾数不少于 40 尾。先算出各抽样箱的平均个体重,再乘以放养尾数(若死亡率超过放养数的 5%,应考虑乘以估计存活数),从而获得平均每箱的存鱼重量。根据平均个体重和平均每箱存鱼重量,可以计算出每箱的日投喂量。

　　将日投喂量分 2 次投喂,上、下午各投喂 1 次,投喂时间分别为8～10 时和16～18 时。每天的投喂量还应根据当天的气候、水质、食欲、浮头、鱼病等情况确定增加或减少。正常情况下,下午的投喂量应多于上午。开始投喂时应直接将饲料投喂到饲料台上,抢食正常后,可采用手撒法。因翘嘴红鲌鱼种在鱼池培养阶段就习惯密集抢食,所以进箱后一般只需 2～3 天就能适应。每次投喂采取"慢—快—慢"和"少—多—少"的投喂方法,即开始投喂时,鱼尚未集中,而结束前80%的鱼已饱食或鱼已达到80%的饱食量,此时就应少喂慢喂。而在中间阶段,鱼在水面激烈抢食时,则应快喂多喂,这样做可使鱼摄食均匀,尽量减少浪费,并可缩短每次投喂的时间。投喂时应注意水中翘嘴红鲌"摄食阴影"的变化。"摄食阴影"是指鱼在摄食时会群集在网箱的投喂处,从网箱上部观察时,大量鱼聚集在一起时就形成了一片阴影。当摄食高潮的"阴影"逐渐变小时,应结束投喂,一般投喂时间在30分钟左右。

(七)养殖管理

网箱养鱼的成败,在很大程度上取决于管理,一定要有专人尽职尽责地管理网箱。实行岗位责任制,制订出切实可行的网箱管理制度,提高管理人员的责任心,加强检查,及时发现和解决问题等都是非常必要的。日常管理工作一般应包括以下几个方面。

1. 巡箱观察 网箱在安置之前,应经过仔细的检查。鱼种放养后也要勤做检查。检查时间最好是在每天傍晚和翌日早晨。方法是将网箱的四角轻轻提起,仔细察看网衣是否有破损。水位变动剧烈时,如洪水期、枯水期,都要勤检查网箱的位置,并随时调整。每天早、中、晚各巡视1次,除检查网箱的安全性能外,更要观察鱼的动态,观察有无鱼病发生和异常情况,检查了解鱼的摄食情况并清除残饵,一旦发现蛇、鼠、鸟等敌害应及时驱除杀灭。保持网箱清洁,使水体交换畅通。注意清除挂在网箱上的杂草、污物。大风来临之前,要加固设备,日夜防守。由于大风造成的网箱变形移位,要及时进行调整,保证网箱的有效面积和箱距。水位下降时,要紧缩锚绳或移动位置,防止箱底着泥或挂在障碍物上。

2. 控制水质 网箱区间水体pH值应在7~8,养殖期应经常移动网箱,每20天移动1次,每次移动20~30米远,这对防止细菌性疾病发生有着重要作用。定期测定翘嘴红鲌的生长指标,及时为翘嘴红鲌的生产管理提供第一手资料。网箱很容易着生藻类,要及时清除,确保水体交换顺畅。要经常清除残饵,捞出死鱼和腐败的动植物、异物,并进行消毒。

3. 鱼体检查 通过定期检查鱼体,可掌握鱼类的生长情况,不仅为投喂提供了实际依据,也为产量估计提供了可靠的资料。一般要求每月检查 1 次,分析存在的问题,及时采取相应的措施。

4. 网箱污物的清除 网箱下水 3～5 天后,就会吸附大量的污泥,以后又会附着水绵、双星藻、转板藻等丝状藻类或其他着生物,堵塞网眼,从而影响水体的交换,不利于翘嘴红鲌的养殖,必须设法清除。目前国内网箱养鱼清洗网衣的方法有以下几种。

(1)人工清洗 网箱上的附着物比较少时,可先用手将网衣提起,然后抖落污物,或直接将网衣浸入水中清洗。当附着物过多时,可用韧性较强的竹片抽打,使其掉落。注意操作时要细心,防止伤鱼、破网。

(2)机械清洗 使用喷水枪、潜水泵,以强大的水流把网箱上的污物冲洗掉。有的采用农用喷灌机[以 2.2 千瓦(3 马力)的柴油机作动力],安装在小木船上,另一船安装一吊杆,将网箱各个面吊起顺次进行冲洗。需 2 人进行操作,冲洗 1 只 60 米² 的网箱约需 15 分钟,比人工清洗提高工效 4～5 倍,并减轻了劳动强度,是目前普遍采用的方法。

(3)沉箱法 各种丝状绿藻一般在水深 1 米以下处就难以生长和繁殖。因此,将封闭式网箱下沉到水面以下 1 米处,就可以减少网衣上附着物的附生。但此法往往会影响投喂和管理,对鱼的生长不利,所以使用此法要因地制宜,权衡利弊后再做决定。

(4)生物清洗法 利用鲴鱼、罗非鱼等喜刮食附生藻类、吞食丝状藻类和有机碎屑的习性,在网箱内适当投放这些鱼类,让它们刮食网箱上附着的生物,以保持网衣清洁和水流畅通。利用这种生物清洗法,既能充分利用网箱内的饵料生物,又能增加养殖种类,提高鱼产量。

5. 预防疾病与敌害　网箱养殖翘嘴红鲌养殖密度较大,一旦发病就很容易传播蔓延。做好鱼病的预防,是网箱养殖成败的关键之一。鱼病流行季节要坚持定期药物预防和对饲料、饲料台的消毒。如发现死鱼和重病鱼,要立即捞出,及时诊断并采取有效治疗措施。鱼种进箱前要用3‰～5‰食盐水浸泡10～15分钟。坚持定期投喂药饵,预防肠道疾病的发生,每万尾翘嘴红鲌用90%晶体敌百虫50克,混入饲料中,每15天投喂1次,连用3～5次。采用漂白粉挂袋可预防细菌性疾病,一般每个网箱挂袋2～4只,每袋装药100～150克。

(八)捕　捞

捕捞网箱中的翘嘴红鲌是很简单的,提起网衣,将翘嘴红鲌集中,即可用抄网捕捞。因为网箱起网操作简单,因此可以根据市场需求随时进行捕捞,没有达到上市规格的可以转入另一网箱中继续饲养。

四、网箱套养翘嘴红鲌

(一)适合的主养品种

除主养鲤鱼、罗非鱼、淡水白鲳、河虾的网箱中不宜套养翘嘴红鲌外,在主养其他鱼类的网箱中,都可以套养适量的翘嘴红鲌。在主养鲤鱼、罗非鱼、淡水白鲳的网箱中套养翘嘴红鲌时,由于翘嘴红鲌的抢食能力比这些鱼类的抢食能力差,使翘嘴红鲌的生长处于劣势,不利于翘嘴红鲌的生长,达不到套养的效果。

对于主养鲈鱼、鳜鱼、鲶鱼等其他鱼类的网箱,只要饲养前期翘嘴红鲌规格达到5～8厘米,这些主养鱼就不会对翘嘴红鲌的成活构成威胁。

（二）翘嘴红鲌的放养

翘嘴红鲌投放的时间一般在主养鱼进箱后 5～7 天，进箱多选在晴天的午后。其他的管理工作与网箱养殖翘嘴红鲌相同。

五、流水高密度养殖翘嘴红鲌

（一）流水高密度养鱼的特点

实践证明，利用我国地热泉水、溪流或江河的自流水进行流水养鱼，无须动力即可高密度放养，生产优质的无污染鲜鱼。鱼体在川流不息的水环境中生长，溶氧充足，水质清新，很少会发生鱼病。只要能保证水流量、充足的饲料供应、大规格优质鱼种和加强日常管理，就能收到显著的经济效益。由于流水养鱼需要特定的地理环境，所以其发展也有自身局限性。

流水养鱼池面积一般只有几平方米至几十平方米，很少有超过 100 米^2 的鱼池，水体小，投入少，群众易于接受和施工。

流水养鱼池面积小，鱼的容纳量却相当大，可以做到每平方米放鱼几百尾至近千尾，其最终产量可以超过池塘养殖产量的几十倍。

流水养鱼利用鱼类抢食习惯，充分投喂人工配合颗粒饲料，能缩短养殖周期，节省饲料。一般饵料系数为 1.5，养殖周期为 1～1.5 年。

流水养鱼借水还水，既不影响发电、灌溉，又增加了水的重复利用。

流水养鱼也是一种高度集约化的养鱼方法，所以便于采用先进的管理手段，如自动投喂、适时分池、采用全价营养颗粒饲料进行强化培育等,可降低劳动强度,提高生产效率。

(二)流水养鱼的选址条件

流水养鱼就是要不断地向养鱼池中注入大量清新的水流,来进行高密度养殖,如果要用电力提水,费用相当昂贵,是不可行的。因此,在选择流水养鱼场址时,就必须有良好的水源、充足的水量和一切相应的条件,否则不仅达不到高产、高效的目的,还会导致经济上的巨大损失。此外,对鱼种、饲料、交通、市场的考察也是流水养鱼必须考虑的问题。对于流水养鱼来说,要满足鱼类健康快速成长,必须考虑水源、水温、水质、饲养管理的方便程度和周围的环境条件。

1. 水源 流水养殖翘嘴红鲌常用的水源有地热水和发电厂的尾水。不论引用哪一种水源,都应考虑枯水期能否保证有水。最有推广价值的方式是"借水还水",即利用自然落差的引水方式。

2. 水温 水温是制约鱼类生长的重要因素。在确定流水养殖翘嘴红鲌后,一定要选择水温适宜其生长的水域建立流水养鱼场。饲养翘嘴红鲌的适宜水温为 $18℃～28℃$。

3. 水量 流水养鱼是一种集约化养鱼形式,鱼类密集程度远远高于池塘养殖,鱼类赖以生存的溶氧主要依靠不断注入的流水来供应。这样,养鱼池中注入水量的多少,就决定鱼类能得到溶氧量的多少,从而也就左右着鱼池中容纳鱼的数量和最终的产量。

在实行流水养鱼时,为提高单位面积产量,就必须确保充足的流量。流水池应尽量做到交换水量大而流速小,以利于保持水质清新,溶氧充足,又不会因水交换量大而导致过大的能量消耗。在放养早期,鱼体小,摄食强度小,不易缺氧,水体交换可控制在每小时 1 次,随着鱼体长大,可增加到每小时交换 $2～5$ 次。

4. 水质 有了适宜的水温、充足的水量,如果没有良好的水质环境,也不宜建设流水养鱼场。因为质量不好的水源,即使不会导致死鱼,也会影响鱼类生长,引起疾病,或者污染鱼的肉质,降低其食用价值,甚至导致不能食用,所以我们在以地表水为水源时,一定要选择没有混入农药、工业废水以及城市污水的源头引水。要根据我国养鱼水质标准,在建场前就对水源的各项指标认真检测分析,以确保养鱼安全。

(三)流水养鱼的养殖方式

依据水源和用水过程处理方法的不同,养殖方式有以下几种。

1. 自然流水养殖　利用江湖、山泉、水库等天然水源的自然落差,根据地形建池或采用网围、网栏等方式进行养殖。自然流水养殖不需要动力提水,水不断自流,鱼池或网围、网栏结构简单,所需配套设施很少,成本最低。

2. 温流水养殖　利用工厂排出的废热水或温泉水,经过简单处理,如降温、增氧后再入池,用过的水一般不再重复使用,这类水源是养殖翘嘴红鲌最理想的水源,生产不受季节限制,温度可以控制,养殖周期短,产量高,目前我国许多热水充足的工厂、温泉区都在从事鱼类养殖。温流水养殖设施简单,管理方便,但需要保证水源的充足。

3. 开放式循环水养殖　利用池塘、水库,通过动力提水,使水反复循环使用。因为整个流水养鱼系统与外源水相连,所以称为开放式循环水养殖。因为需要动力保持水体运转,所以只适合小规模生产。

(四)流水池的建造

1. 流水池的种类　流水养鱼池有鱼种池、成鱼池、亲鱼池和蓄养池四大类。鱼种池中的鱼体较小,为了便于饲养、观察鱼体活动和清理鱼池,一般要求面积小一些,水也浅一些。蓄养池是上市前囤放成鱼的池子,其目的是使鱼排除异味,提高商品鱼品质,同时也起到活鱼库作用,面积要依据产量和方便捕捞来确定。成鱼池是生产商品鱼的鱼池,一般要求比较高,这对提高单产、增加经济效益至关重要。亲鱼池是养殖繁殖用鱼的鱼池,面积以小为好,但对水深、水质的要求都是最高的。

2. 流水池的结构

(1)面积与深度　面积以 30～50 米^2 为宜,最大不超过 100 米^2,池壁可用黏土或水泥砖修建,水深为 1.2～2 米。

(2)形状与池中水的流动方向　流水池的形状可以是正方形、长方形、八角形、圆形、椭圆形等,其中以长方形、圆形、椭圆形池较为普遍。

长方形池土地利用率高,建造方便。长方形流水池池水的流向基本一致,均朝排水口流去。

圆形流水池整个池形如漏斗,底部中央排水、排污,具有结构合理、不产生涡流、鱼在池中分布均匀等优点。但底部网罩被污物封住后难以处理,且造价较高。

椭圆形流水池是结合圆形池和长方形池特点而设计的养鱼池,基本保持了圆形池和长方形池的优点。

3. 流水池的修建排列方式　如果采用单个池进行加水饲养,则水池最好修建成圆形,池底呈锅形,自四周向中央的坡降为10%左右,类似于家鱼人工繁殖的圆形产卵池。池底或池壁应设置 4 个定向喷嘴,以便排污时用于促进池水旋转,使残饵、粪便等污物集中于池底中心点通过排水口排出,排污水口管口口径应在15 厘米以上。

如果是多个流水池串联或并联,则流水池的形状最好是长方形。串联时,长方形水池一边进水,另一边排水,第一口水池的排水口即为第二口水池的进水口。串联池每个水池的注水量大,换水率高,水被反复利用;并联池每个池的注水量少,换水率低,但各个鱼池排灌分开,进入各池的水都是新鲜水,可以减少病害,即便患病也容易采取措施,不会使鱼病传播,实际养鱼的效果较好。

4. 流水池水口的设置

(1)进水口　流水池的水是由引水渠道引入,每个鱼池进水口的数量应根据鱼池的形状、宽度设置1～2个甚至多个,有的长方形池还以滚水坝的建设形式,让渠水按鱼池宽度泄入鱼池,这样既利于增氧,又可降低流速,可减少鱼体逆水的体力消耗。流水池的进水方式有溢水式、直射式、散射式、水帘式、喷雾式等。

(2)出水口　鱼池的水通过拦鱼栅从鱼池出水口回归原渠道,出水口分上、下2个,下出水口主要是作为集中排污清洗鱼池或放干、降低池水水位用,平时水由上出水口排出。上出水口的形状、大小根据需要和过水量而定。下出水口用一圆锥形的铁球或用水泥卵石砂浆制成的仿圆形球作为下水口的闸阀,这种球阀起闭方便,经济实惠,适宜在生产上应用。

5. 流水池的主要设施　包括进排水调节系统、拦鱼设施、排污设施等。进排水调节系统的主要作用,一是引入新鲜的水源,使流水池常年处于高溶氧状态,满足翘嘴红鲌高密度流水饲养时对水体溶氧的需求。二是控制引入和排出的水量,使流水池能长期保持一定的水位。在饲养的中后期还可以利用排水系统调节排水量,提升流水池的水位,有利于翘嘴红鲌的生长。

流水池的进排水口要设置鱼栅,以免逃鱼。在水池的进排水口处,还应加设水流和水量的控制系统,以调节池中的换水量,圆形池的排水口和排污口合并在一起,设置在水池的底部,在排水口应加设铁丝网或渔用网片,防止翘嘴红鲌逃跑。

排污设施的主要作用是清除流水池中翘嘴红鲌排出的粪便以及剩余的饲料,避免败坏水质。

(五)鱼种放养

1. 放养前的准备　流水池使用前要检查池壁是否有缺损,能否保水,进、排水是否顺畅。在基本条件具备后,再用漂白粉或生石灰进行消毒,放水冲洗干净。

2. 鱼种放养

(1)水质要求　水质清新,各项理化指标符合养殖要求。

(2)鱼种质量　鱼种规格要整齐,体质健壮,没有病害;下池前,要对鱼体进行药物浸洗消毒,杀灭鱼体表的细菌和寄生虫,预防鱼种下池后患病;搬运时动作要轻,避免碰伤鱼体。

(3)鱼种放养规格　放养到流水池的翘嘴红鲌,以人工饲料为食。因此,要求鱼种能够摄食人工颗粒饲料,规格以 150 克/尾为宜。

3. 鱼种放养密度　流水池水流充足,溶氧丰富,放养密度可比其他养殖方式大。但在实际生产中,应根据放养规格、进水流量(溶氧含量)和饵料来源来确定。流水池养殖时,翘嘴红鲌鱼种的放养密度一般为每立方米水体 300～500 尾。

流水池饲养翘嘴红鲌时,影响翘嘴红鲌放养密度的因素是多方面的,但溶氧量是影响翘嘴红鲌放养密度的主要因素。鱼池最大载鱼量可按下式计算:

$$W = (A_1 - A_2)Q/R$$

式中:W 为最大载鱼量(千克/全池),A_1 为注入水的溶氧量(克/升),A_2 为维持翘嘴红鲌正常生长水体最低溶氧量(2.5 毫克/升),Q 为注水流量(米³/时/全池),R 为翘嘴红鲌耗氧量(每小时 0.4～0.45 克/升)。

因为最大载鱼量是指翘嘴红鲌在流水池中的总重量,在实际操作中要求明确具体的放养尾数。翘嘴红鲌在流水池中进行饲养时,其具体的放养尾数可按下式进行计算:

$$I = W/S$$

式中:I 为放养尾数(尾/全池),W 为最大载鱼量(千克/全池),S 为计划养成规格(千克/尾)。

例如,某流水池的水体体积为 30 米³,单养翘嘴红鲌时的最大载鱼量为 400 千克,成活率为 80%,要养成的翘嘴红鲌每尾重 1 200克,则放养量为:400(千克)÷1.2(千克/尾)÷80%＝416(尾)。

(六)饲料投喂

流水养殖时,翘嘴红鲌的生长完全依靠摄食人工饲料,因此要求人工饲料营养全面,营养价值高。目前,流水养殖翘嘴红鲌所用的饲料基本上是人工配合全价颗粒饲料。

1. 投喂原则　与池塘养殖、网箱养殖一样,流水高密度养殖翘嘴红鲌的投喂也要按照"四看"、"四定"原则进行。

2. 投喂量的确定　日投喂量主要根据季节、水温和翘嘴红鲌的重量来确定。5～6 月份,当水温在 18℃～23℃时,投喂量为鱼体重的 5%～7%;6～9 月份,水温较高,投喂量为鱼体重的 8%～12%;水温超过 35℃时要适时减少投喂或停止投喂。每日投喂量还应根据当天的气候、水质、食欲、浮头、鱼病等情况确定增加或减少。

3. 投喂方法　流水池中设置一定数量的饲料台,饲料投放到饲料台上。每天的投喂次数为 4～6 次,下午的投喂量应多于上午,傍晚的投喂量应最多。投喂应在鱼种放养后 1～2 天再开始,投喂时应减少或停止进水。日投喂量也应依据水温、季节来确定。

在投喂时,应根据不同的水池采取不同的投喂方法,一般采用手撒的方法。在串联或并联的流水池,投喂的地点可选择在流水池的周边。对于圆形或椭圆形的流水池,投喂的地点也应选择在水池的周边。在投喂时,如果流水池中的水流量较大,则应将进水阀调小,以免将投喂的饲料冲走。投喂时,首先要驯化鱼类浮到水面抢食。具体做法是:先让鱼饥饿 1～2 天,然后在固定位置敲击铁桶,同时喂食,经过 1 周时间的驯化,鱼类就能形成听到声响便集群上浮水面抢食的条件反射。因为流水池水流速较大,投喂点最好在入水口附近,投喂要一小把一小把地撒,尽量使每一粒料都让鱼吃掉,以免浪费。每次投喂时间为 10～20 分钟,使鱼达到八成饱即可,以保持鱼类旺盛的食欲。

其次,不同个体的鱼,对饲料营养的要求也不一样。在饲养过程中,饲料配方应随着鱼个体的增重而调整。另外,一定要使颗粒的粒径与鱼类大小相适应。

(七)捕　捞

流水养殖翘嘴红鲌时,捕捞是比较容易的,只需停止进水,并将水排放至一定深度,用抄网捞取即可。

六、稻田养殖翘嘴红鲌

(一)养鱼稻田的条件

通常水源充足,雨季水多不漫田、旱季水少不干涸,排灌方便,无有毒污水和低温冷浸水流入,水质适宜,土质肥沃,保水力强的稻田都可以用来养鱼。

1. 田埂　在 4 月份整田时,必须将田埂加高至 40～50 厘米,加宽到 30 厘米,并打紧夯实,田埂不能漏水。在山脚下的养鱼稻田必须挖好排水沟,以便洪水来时能及时排水,田埂是鱼类防逃的重要设施之一。

2. 鱼沟、鱼溜　为了保证鱼类在晒田、施农药和化肥期间的安全生长,养鱼稻田必须开挖鱼沟和鱼溜,且沟、溜应相通。

早稻田一般在秧苗返青后,在田的四周开挖,称为环沟或围沟。晚稻田一般在插秧前挖好,可以根据实际情况在田中间开挖"十"字形、"田"字形和"井"字形沟,但不如挖环沟方便。如既有环沟又有"十"字形沟,则要沟沟相通。

鱼溜的位置可以挖在田角上,最好把进水口也设在鱼溜处。整块田不能因为挖鱼沟、鱼溜而减少栽秧的株数,做到秧苗减行不减株。

3. 拦鱼栅 是用竹、木或网制作的拦鱼设备,安设在稻田的进出水口处或田埂中,以防鱼溯水外逃。

(二)养殖的方式与方法

单养翘嘴红鲌,每 667 米^2 稻田放养 8 厘米左右的鱼种 200～300 尾,可获得 80～120 千克的成鱼产量。

混养翘嘴红鲌时,一般每 667 米^2 稻田放养 10 厘米的翘嘴红鲌鱼种 100～200 尾,还可以放养 10～15 尾鲢、鳙夏花鱼种。

稻田养殖翘嘴红鲌是以种稻为主、养鱼为辅的生产活动,管理得好,可以鱼稻双丰收。在生产中主要应注意如下几点。

第一,水的管理是稻田养鱼过程中的重要一环,应以稻为主,在插秧后 20 天内,由于鱼种放养时间不长,个体不大,可使水深保持在 3.5 厘米,让稻浅水分蘖。20 天以后,禾苗分蘖基本结束,鱼也渐渐长大。这时可以加深田水至 5～7 厘米,随着禾苗的生长,可以加深到 10 厘米,这对控制秧苗无效分蘖和鱼的成长都有好处。晚稻田控水,因插晚稻时气温高,必须加深田水,以免秧苗晒死,这对鱼、稻都是有利的。

第二,双季稻养鱼的转田工作,也是稻田养鱼工作的重要一环。早稻收割到晚稻插秧期间有犁田、耙田的农活要做,这些农活往往会造成一部分鱼死亡,为了避免这种损失,必须做好转田工作。

转田工作应发挥鱼沟、鱼溜的作用,就是在收割早稻前缓慢放水,让鱼沿着鱼沟游到鱼溜里。或者带水割完稻谷,然后将鱼通过鱼沟集中到鱼溜中,用泥土暂时加高鱼溜四周,引入新鲜清水,使鱼溜变成一个暂养流水池,待犁耙田结束,把鱼放入整个田中,然后插晚秧,这种方式会大大减少鱼的死亡。更为可靠的方式是利用鱼沟、鱼溜,把鱼从早稻田转入小池塘中暂养,待插完晚秧后,再把鱼放入稻田,这种方法死鱼很少。

第三,养鱼稻田施肥,应以农家肥为宜,如果施用尿素、碳酸氢铵作追肥,应本着少量多次的原则,每次施半块田,并注意不要将化肥直接撒在鱼沟和鱼溜内。

第四,养鱼稻田施药,只要处理得当,也不会对鱼产生影响。防治水稻病虫害要选用高效低毒农药,为了确保鱼的安全,在养鱼稻田中施用各种农药防治病虫害时,均应事先加灌 4～6 厘米深的水。同时,在施用药液(粉)时,注意尽量喷在水稻茎叶上,避免药物落入稻田水体中。

第五,晒田前,要清理鱼沟、鱼溜,严防鱼沟淤塞。晒田时,沟内水深保持在 13～17 厘米。晒好田后,及时恢复原水位。尽可能不要晒得过久,以免鱼缺食太久影响生长。

第六,在稻田中养殖翘嘴红鲌,一般不需要多投喂,如果稻田水质太瘦,水体中的活饵料太少,尤其是动物性饲料不足以满足翘嘴红鲌的生长发育时,就需要另外投放小泥鳅、小麦穗鱼等活饵料,也可定期、定时投放配制好的配合饲料。

其他的管理与常规养殖翘嘴红鲌相同。

七、水泥池饲养翘嘴红鲌

(一)常规饲养

利用房前屋后空地建造小水泥池饲养翘嘴红鲌,具有管理方便、饲养密度大、产量高、效益好等特点,是农民群众发展庭院经济的好门路。

　　鱼池可建成地上式或半地上式,池底的设计要有利于集中排污,池深 1.5～1.8 米,水深 1～1.3 米。新建水泥池在使用前应用清水浸泡 15 天左右,中间换水 2～3 次。放养前水泥池和鱼体都要经过消毒。一般每平方米放养 3～5 厘米长的鱼种 30～50 尾,要一次放足,以后捕大留小。

　　应尽可能地投喂动物性饲料,如蝇蛆、黄粉虫、鱼虾肉、螺蚌肉、动物尸体以及屠宰下脚料等。在动物性饲料不足时,也可驯化摄食配合饲料。投喂量应根据鱼体规格、水温、水质、饲料种类等因素而定,保证充足但又不过量。

　　水泥池饲养由于放养密度大,故水质较易恶化,所以要经常换水,一般每隔 2～3 天换 1 次水。换水时应先将池底污浊的水排出,然后加入新鲜的水。

　　为了消毒和改善水质,可每隔 15 天左右泼洒 1 次生石灰水,浓度为 20 毫克/升。另外,还可以在水面上放养一些浮萍、水葫芦等。

(二)高密度流水饲养

　　在水量充足且利用较为方便的地方,可建造水泥池进行高密度流水饲养翘嘴红鲌。水泥池可建成圆形,池底设计成锅底形,底部中央为排水、排污口并与地下排水、排污管相接。

　　水泥池高密度流水饲养翘嘴红鲌的放养密度可为每立方米 350～450 尾,以投喂粗蛋白质含量在 30％～35％的颗粒配合饲料为主,每天投喂 2～3 次,日投喂量一般为鱼体重的 3％～6％,并根据水温、鱼体规格和鱼的摄食情况而灵活掌握。

八、种植水生经济植物混养翘嘴红鲌

　　近年来,一些地方利用鱼塘种植水生经济植物逐渐增多,根据试验表明,翘嘴红鲌与莲藕、芡实、茭白、菱角等水生经济植物进行科学混养,可以充分利用池塘中的水体空间、肥力、溶氧、光照、热能和生物资源等自然条件,将种植业与养殖业结合在一起,达到经济植物与翘嘴红鲌双丰收的目的。

(一)与莲藕混养

1. 混养原理 莲藕喜向阳温暖环境,喜肥、喜水,适当温度亦能促进生长,生育期最适宜温度为 25℃～30℃。莲藕植株庞大,在池塘中种植莲藕可以改良池塘底质和水质,为鱼类提供良好的生态环境,有利于鱼类健康生长。另外,莲藕本身需肥量大,增施有机肥可减轻藕身生长的红褐色锈斑,同时可使水中产生大量浮游生物。

翘嘴红鲌为杂食性鱼类,一方面它能够捕食水中的浮游生物和害虫,另外也需要人工投喂大量饵料,它排泄出的粪便大大提高了池塘的肥力,在鱼藕之间形成了互利关系,因而可以提高莲藕产量 25％以上。

2. 池塘准备 池塘要求光照好,土质肥沃,水源充足,水质良好,水的 pH 值在 6.5～8.5,溶氧量不低于 4 毫克/升,没有工业废水污染,注、排水方便,土层较厚,保水、保肥性强,发洪水时不淹没,干旱时不缺水。池塘底泥厚 30～40 厘米,面积为 2 001～3 335 米^2,平均水深 1.2 米,以东西向为好。藕池施肥后整平,10 天以后淤泥泥质变硬时就可以开挖围沟、鱼溜,目的是在高温、藕池浅灌、追肥时为鱼提供藏身之地,同时方便投喂和观察鱼类摄食、活动情况。围沟挖成"田"字形或"目"字形,沟宽 50～60 厘米,深 30～40 厘米,在围沟交叉处或藕田四周适当挖几个鱼溜,坑深 0.8～1 米,开挖沟、坑所取出的泥土用来加高夯实池埂。

3. 安装拦鱼栅 拦鱼栅安装在养鱼藕塘的进、出水口处,防止鱼类由进、出水口逃出。拦鱼栅用竹箔或金属网制作,高度应高出池埂20厘米,呈弧形安装固定,凸面朝向水流。拦鱼栅孔目大小根据养鱼规格制定。进、出水中如渣屑多或池塘面积大,可设双层拦鱼栅,里层拦鱼,外层拦杂物。

4. 施足基肥,适时追肥　种藕前15~20天,每667米² 撒施鸡粪等有机肥800~1000千克,耕翻耙平,然后每667米² 用80~100千克生石灰消毒。排藕后分2次追肥,第一次追肥多在排藕后25天左右,有1~2片立叶时每667米² 施人粪尿1000~1500克;第二次追肥多在排藕后40~50天,芒种前后有2~3片立叶并开始分枝时,每667米² 施人粪尿1500~2000千克;如第二次追肥后生长仍不旺盛,15天后(即在夏至前)再追施1次,夏至后停止追肥。施肥应选晴朗无风的天气,不可在烈日下或中午时进行,每次施肥前应放浅田水,让肥料吸入土中,然后再灌水至原来的深度。追肥后泼浇清水冲洗荷叶,如肥分不足,可追施硫酸铵15千克/667米²。

5. 选择优良种藕　种藕应选择优良品种,如慢藕、湖藕、鄂莲二号、鄂莲四号、海南洲、武莲二号、莲香一号等。种藕一般是临近栽植才挖起,需要选择具有本品种特性,最好是有3~4节以上,子藕、孙藕齐全的全藕,要求种藕粗壮、芽旺、无病虫害、无损伤。

6. 排藕技术　莲藕下塘时宜采取随挖、随选、随栽的方法,也可实行催芽后栽植。排藕时,行距2~3米,穴距1.5~2米,每穴排藕或子藕2枝,每667米² 需种藕60~150千克。

栽植时分平栽和斜栽。深度以种藕不浮漂和不动摇为度。藕头入土深度为10~12厘米。斜插时,把藕节翘起20°~30°,以利于吸收阳光,提高地温,提早发芽,要确保荷叶覆盖面积约占全池的50%,不可过密。

7. 藕池水位调节　莲藕适宜的生长温度是21℃~25℃。因此,藕池的管理工作主要是通过放水深浅来调节温度。排藕10余天至萌芽期,水深保持在8~10厘米,以后随着分枝和立叶的旺盛生长,水深逐渐加深到 25 厘米,采收前 1 个月,水深再次降低至 8～10 厘米,水过深要及时排除。

8. 消毒杀菌 放养翘嘴红鲌鱼种前,每 667 米² 用生石灰 180 千克化水后全池泼洒,杀灭塘内野杂鱼和病原体。药效消失后每 667 米² 施有机肥 1 000 千克,7 天后投放鱼种。

9. 翘嘴红鲌的放养 与稻田放养相同,可参考前述相关内容。不宜混养草食性鱼类如草鱼、鲂鱼,以防其吃掉藕芽、嫩叶等。

10. 田间管理

(1)投喂 鱼种下塘后第三天开始投喂。选择鱼溜作投喂点,每天投喂 2 次,分别为 7～8 时和 16～17 时,日投喂量为鱼总体重的 3%左右,具体投喂量根据天气、水质、鱼摄食和活动情况灵活掌握。饲料为自制配合饲料,主要成分是豆粕、麦麸、玉米、血粉、鱼粉、饲料添加剂等,粗蛋白质含量为 30%,为浮性饲料,粒径 2～5 毫米,饲料定点投在饲料台上。进入 7 月份后,在池塘上方安装 2 盏诱虫灯,一盏为白炽灯,吊在藕叶上方 20 厘米处;一盏为黑光灯,吊在藕叶下、水面上 10 厘米处,两盏灯处在同一垂直线上。天黑后先开白炽灯,发现有大量虫蛾时,打开黑光灯,关闭白炽灯。30 分钟后,关闭黑光灯,再打开白炽灯,如此反复操作,诱蛾效果颇佳。

(2)巡田 即对藕田进行巡视,这是藕鱼生产过程中的基本工作之一。只有经过巡田才能及时发现问题,并根据具体情况及时采取相应措施,故每天必须坚持早、中、晚 3 次巡田,观察鱼的浮头情况,查找浮头原因。检查田埂有无洞穴或塌陷,一旦发现应及时堵塞或修整。鱼沟、鱼溜应有一定深度和宽度,在养殖期间应保持水流畅通。检查水位,使水位始终保持适宜深度。在投喂时注意观察鱼的摄食情况,相应增加或减少投喂量。经常检查藕的叶片、叶柄是否正常,结合投喂、施肥观察鱼的活动情况,及早发现疾病,对症下药。同时,要加强防毒、防盗管理,也要保证周围环境安静。

（3）注水　注水的原则是鱼藕兼顾，随着气温不断升高，及时加注新水，合理调节水深以利于藕的正常光合作用和生长。6月初水位升至最高，达到1.2～1.5米；7～9月份时，每15天换水10厘米，每月每立方米水体用生石灰15克化水泼洒1次。

（4）防病　在鱼病流行季节，每20天左右在围沟、鱼溜泼洒10毫克/升生石灰或投喂药饵，积极做好鱼病的防治工作。莲藕的害虫主要是蚜虫，可用40％乐果乳油1 000～1 500倍液或50％抗蚜威可湿性粉剂200倍液喷雾防治。病害主要是腐败病，应实行2～3年的轮作换茬，在发病初期可用50％多菌灵可湿性粉剂600倍液加75％百菌清可湿性粉剂600倍液喷洒防治。

11. 收获　莲藕采收前将鱼陆续捕出上市，到10月上旬全部捕完。成鱼捕大留小，8月下旬起用大眼拉网将尾重1千克以上的成鱼捕出上市。

（二）与芡实混养

1. 混养原理　芡实俗称鸡头米，性喜温暖，不耐霜冻、干旱，一生不能离水，全生育期为180～200天，是滨湖圩内发展避洪农业的高产、优质、高效经济作物。它集药用、保健作用于一体，具有良好的发展潜力。

2. 池塘准备　池塘要求光照好，池底平坦，池埂坚实，进、排水方便，不渗漏，水源充足，水质清新，水底土壤以疏松、中等肥沃的黏泥为好，土质带沙性的溪流和酸性大的污染水塘不宜栽种。池塘底泥厚30～40厘米，池塘面积为2 001～3 335米^2，平均水深1米，也要同藕田一样，开挖好围沟、鱼溜。

3. 安装拦鱼栅　拦鱼栅安装方法与藕田一样，可参考前述相关内容。

4. 施足基肥，合理追肥　在种芡实前10～15天，每667米^{2}撒施腐熟鸡粪等有机肥600～800千克，耕翻耙平，然后每667米^2

用 90～100 千克生石灰消毒。为促进植株健壮生长,可在 8 月份盛花期追施磷酸二氢钾 3～4 次。施用方法可用带细孔的塑料薄膜小袋,内装 20 克左右的肥料,施入泥下 10～15 厘米处,每次追肥变换位置。

5. 播种技术

(1)利用种子播种　春秋季均可(以 9～10 月份为好)播种,选用新鲜饱满的种子撒在泥土稍干的塘内。若春雨多,池塘水满,在 3～4 月份春播种子不易均匀撒播时,可用湿润的泥土掺入种子,每 3～4 粒种子团成 1 个小土团,按瘦塘每 130～170 厘米、肥塘每 200 厘米的距离投入 1 个土团,种子随土团沉入水底,便可出苗生长。

(2)幼芽移栽　前一年种过芡实的地方,翌年不用再播种。因其果实成熟后会自然裂开,有部分种子散落塘内,翌年便可萌芽生长。当叶浮出水面、直径达 15～20 厘米时便可移栽。栽时连苗带泥取出,栽入池塘中,覆好泥土,生长点露出泥面,根系自然舒展开,叶片漂浮于水面,以后随着苗的生长逐步加水。

6. 水位调节　池塘的管理工作也是通过池水深浅来调节温度。从芡实入池 10 余天至萌芽期,水深保持在 40 厘米,以后随着分枝的旺盛生长,水深逐渐加深到 120 厘米,采收前 1 个月,水深再次降低至 50 厘米。

7. 消毒杀菌　放养翘嘴红鲌鱼种前,每 667 米^2 用生石灰 180 千克化水后全池泼洒,杀灭塘内野杂鱼和病原体。药效消失后每 667 米^2 施有机肥 1 000 千克,7 天后投放鱼种。

8. 翘嘴红鲌的放养　在芡实池中放养翘嘴红鲌,放养时间和放养技巧非常讲究,一般在芡实成活且长出第一片叶后放鱼种,放养数量、规格、种类与藕田放养相同,可参考前述相关内容。

9. 田间管理　投喂巡田等工作的具体内容与藕田相同,可参考前述内容。

芡实幼苗浮出水面后,调节株、行距,将过密的苗移到缺苗的地方。由于芡实在不同生长发育时期对水分的要求也不同,故调节水量是田间管理的关键。要掌握"春浅、夏深、秋放、冬蓄"的原则。春季水浅,能受到阳光照射,可提高土温,利于幼苗生长;夏季水深可促进叶柄伸长,6月初水位升至最高,达到 1.2～1.5 米;秋季适当放水,能促进果实成熟;冬季蓄水可使种子在水底安全过冬。

在鱼病流行季节,每 20 天左右在鱼沟、鱼溜泼洒 10 毫升/升生石灰水或投喂药饵,积极做好鱼病的防治工作。防病主要使用内服药物,每 15 天投喂 3 天含 0.2%土霉素的药饵。

对芡实要及时进行病虫害防治,主要病害是霜霉病,可用 65%代森锌 500 倍可湿性粉剂液喷洒或代森铵粉剂喷撒。主要害虫是蚜虫,可用 40%乐果乳油 1 000 倍液喷杀。

(三)与茭白混养

1. 池塘选择 凡是水源充足、无污染、排污方便、保水力强、耕层深厚、肥力中上等、面积在 667 米^2 以上的池塘均可用于种植茭白同时混养翘嘴红鲌。

2. 鱼溜修建 开挖鱼溜在冬春季茭白移栽结束后进行,面积要占池塘总面积的 8%,每个鱼溜面积最大不超过 200 米^2,可均匀地多开挖几个,开挖深度为 1.2～1.5 米,开挖位置选择在池塘中部或进水口处,鱼溜的其中一边靠近池埂,以便于投喂和管理。

3. 施足基肥 施基肥可每 667 米^2 用猪、牛粪 1 500～2 000 千克,钙、镁、磷肥 20 千克,复合肥 30 千克。施肥后池底耙平耙细,使肥泥混合,然后即可移栽茭白苗。

4. 选好茭白种苗 在 9 月中旬至 10 月初,于秋茭采收时进行选种,以浙茭 2 号、浙茭 911、大苗茭、软尾茭、中介壳、一点红、象牙茭、寒头茭、梭子茭、小腊茭、中腊台、两头早为主。选择植株健壮、高度中等、茎秆扁平、纯度高的优质茭株作为留种株。

5. 适时移栽 长江流域于 4～5 月份母墩萌芽高 33～40 厘米时、有 3～4 片真叶时进行移栽。将茭墩挖起,用利刃顺分蘖处劈开成数小墩,每墩带匍匐茎和健壮分蘖芽 4～6 个,剪去叶片,保留 16～26 厘米长的叶梢,以利于提早成活,随挖、随分、随栽。株、行距按栽植时期、分墩苗数和采收次数而定,双季茭采用大、小行种植,大行行距 1 米,小行行距 80 厘米,穴距 50～65 厘米,每 667 米^2 设 1 000～1 200 穴,每穴栽 6～7 株苗。栽植方式以 45°角斜插为好,深度以根茎和分蘖基部入土,而分蘖苗芽稍露出水面为度,定植 3～4 天后检查 1 次,栽植过深的苗,稍提高使之浅些,栽植过浅的苗宜再压下使之深些,并做好补苗工作。

6. 翘嘴红鲌的放养 在茭白苗移栽前 10 天,对鱼溜进行消毒处理。新建的鱼溜一定要用清水浸泡 7 天,再换新水浸泡 7 天后才能放鱼;旧鱼溜按 0.25 千克/米^3 放养鱼种,在鱼种投放前,用 3%～5%食盐水浸浴 5 分钟,以防鱼病发生。

如果是用来培育翘嘴红鲌鱼种的,每 667 米^2 放 3 厘米长的翘嘴红鲌夏花 1 000～1 200 尾,鲢、鳙鱼和异育银鲫各 50 尾,待鱼能摄食后每天投喂精饲料 1 次,每 667 米^2 投 1～2.5 千克。

如果是用来养殖翘嘴红鲌成鱼的,每 667 米^2 可放养 12～15 厘米翘嘴红鲌 300 尾,同时配养 15 厘米鲢、鳙鱼或 7～10 厘米的鲫鱼各 30 尾。

为了确保翘嘴红鲌有足够的天然饵料,可每 667 米^2 放抱卵青虾 0.2～0.5 千克。也可投喂自制混合饲料或鱼类专用商品饲料,定时、定量投喂。

鱼病防治要以防为主,治疗为辅,在养殖期间,每隔 20 天左右用 0.7 毫克/升漂白粉溶液全池泼洒 1 次。

7. 田间管理

(1)水位管理 茭白池塘的水位根据茭白生长发育特性,按

"浅—深—浅"的原则灵活掌握。萌芽前灌水 30 厘米深,以提高土温,促进萌发,其后保持水深 50～80 厘米,分蘖前仍保持 80 厘米,促进分蘖和发根,至分蘖后期,加深至 100～120 厘米,控制无效分蘖。7～8 月份高温期宜保持水深 130～150 厘米,并做到经常换水降温,以减少病虫害,雨季宜注意排水,在每次追肥前后几天,需放干池水或保持浅水,待肥料吸收入土后再恢复到原来水位。

(2)科学投喂 根据季节辅喂精饲料,如菜籽饼、豆渣、麸皮、米糠、蚯蚓、蝇蛆、鱼用颗粒饲料和其他水生动物等。投喂量一般为鱼体重的 5%～10%,采取"四定"投喂法,傍晚投喂量要占全日量的 70%。

(3)科学施肥 茭白植株高大,需肥量大,应重施有机肥作基肥。基肥常用人畜粪便和绿肥,追肥多用化肥,宜少量多次,可选用尿素、复合肥、钾肥等,禁用碳酸氢铵。有机肥应占总肥量的 70%。基肥在茭白移植前深施,追肥应采用"重—轻—重"的原则,具体施肥可分 4 个步骤:在栽植后 10 天左右,茭株已长出新根成活,施第一次追肥,每 667 米² 施人粪尿 500 千克,称为提苗肥;第二次追肥在分蘖初期,每 667 米² 施人粪尿 1 000 千克,以促进生长和分蘖,称为分蘖肥;第三次追肥在分蘖盛期,如植株长势较弱,适当追施尿素,每 667 米² 施 5～10 千克,称为调节肥,如植株长势旺盛,可免施追肥;第四次追肥在孕茭始期,每 667 米² 施腐熟粪肥 1 500～2 000千克,称为催茭肥。

(4)茭白用药 应对症选用高效低毒、低残留、对混养翘嘴红鲌没有影响的农药,如杀虫双、叶蝉散、乐果、敌百虫、井冈霉素、多菌灵等,禁用除草剂和毒性较大的呋喃丹、杀螟松、三唑磷、毒杀酚、波尔多液、五氯酚钠等,慎用稻瘟净、马拉硫磷。粉剂农药在露水未干前使用,水剂农药在露水干后喷洒。施药后及时换注新水,严禁在中午高温时喷药。

孕茭期的主要害虫为大螟、二化螟、长绿飞虱,应在害虫幼龄期,每 667 米² 用 50％杀螟松乳油 100 克,对水 75～100 升泼浇,或用 90％晶体敌百虫和 40％乐果乳油 1 000 倍液,剥除老叶后逐棵用药灌心。立秋后发生蚜虫、叶蝉和蓟马,可用 40％乐果乳油 1 000 倍液、10％叶蝉散可湿性粉剂 200～300 克加水 50 升喷洒,茭白锈病可用 50％敌锈钠可溶性粉剂 800 倍液喷洒,效果良好。

8. 采收 茭白按采收季节可分为一熟茭和两熟茭。一熟茭又称单季茭,在秋季日照变短后才能孕茭,每年只在秋季采收 1 次。春种的一熟茭栽培早,每墩苗数多,采收期也早,一般在 8 月下旬至 9 月下旬采收。夏种的一熟茭一般在 9 月下旬开始采收,11 月下旬采收结束。茭白成熟的标志是,随着基部老叶逐渐枯黄,心叶逐渐缩短,叶色转淡,假茎中部逐渐膨大和变扁,叶鞘被挤向左右,当假茎露出 1～2 厘米的洁白茭肉时,称为"露白",为采收最适宜时期。夏茭孕茭时,气温较高,假茎膨大速度较快,从开始孕茭至可采收一般需 7～10 天。秋茭孕茭时,气温较低,假茎膨大速度较慢,从开始孕茭至可采收一般需要 14～18 天。但是不同品种孕茭至采收期所经历的时间有差异。茭白一般分批采收,每隔3～4 天采收 1 次,每次采收都要将老叶剥掉。采收茭白后,应该用手把墩内的烂泥培上植株茎部,既可促进分蘖和生长,又可使茭白幼嫩而洁白。

(四)与菱角混养

菱角又叫菱、水栗等,为 1 年生浮叶水生草本植物,菱肉含淀粉、蛋白质、脂肪,嫩果可生食,老熟果含淀粉多,可熟食或加工制成菱粉。收菱后,菱盘还可当作饲料或肥料。

1. 菱塘的选择和建设 菱塘应建在地势低洼、水源条件好、排灌方便的地方,一般以面积为 3 335～6 670 米²,水深不超过 150 厘米,风浪不大,底土松软肥沃的河湾、湖荡、沟渠、池塘为宜。

2. 菱角的品种选择 菱角的品种较多,有四角菱、两角菱、无角菱等,从外皮的颜色上又分为青菱、红菱、淡红菱 3 种。四角菱类有馄饨菱、小白菱、水红菱、沙角菱、大青菱、邵伯菱等;两角菱类有扒菱、蝙蝠菱、五月菱、七月菱等;无角菱仅有南湖菱 1 种。最好选用果型大、肉质鲜嫩的水红菱、南湖菱、大青菱等作为种植品种。

3. 菱角播种

(1)播种时间　在气温稳定在 12℃ 以上时播种,一般在清明前后播种为宜。

(2)直播栽培　在 2 米以内的浅水中种菱,多用直播法。长江流域在清明前后 7 天内播种,京、津地区可在谷雨前后播种。播前先催芽,芽长不要超过 1.5 厘米。播时先清池,清除野菱、水草、青苔等。播种方式以条播为宜,根据菱池地形,划成纵行,行距2.6~3 米,每 667 米^2 用种量为 20~25 千克。两头插竿牵绳作标志,然后用船将菱种沿线绳均匀撒入水中。

(3)育苗移栽　在水深 3~5 米的地方,直播出苗困难,即使出苗,苗也纤细瘦弱,产量不高,此时可育苗移栽。可选用向阳、水位浅、土质肥、排灌方便的池塘作为苗地实施条播。育苗时,将种菱放在水深 5~6 厘米的浅水池中利用阳光保温催芽,5~7 天换 1次水。发芽后移至繁殖田,等茎叶长满后再进行幼苗定植,每 8~10 株菱盘为一束,用草绳结扎,用长柄铁叉叉住菱束绳头,栽植于水底泥土中,栽植密度按 1 米×2 米或 1.3 米×1.3 米定穴,每穴种 3~4 株苗。

4. 翘嘴红鲌的放养　其放养方法及数量与茭白田放养相同,可参考前述相关内容。

5. 田间管理　在菱角的生长过程中,菱塘管理要着重抓好以下几点。

(1)建菱垄　待直播的菱苗出水或菱苗移栽后,就要立即建菱垄,以防风浪冲击和杂草漂入菱塘。方法是:在菱塘外围打下木桩,木桩长度依据水深而定,通常要求入土 30~60 厘米,出水 1

米,木桩之间围捆草绳,绳直径1.5厘米,绳上系水花生,每隔33厘米系一段。

(2)除杂草 要及时清除菱塘中的槐叶萍、水鳖草、水绵、野菱等,由于菱角对除草剂敏感,必要时应进行手工除草。

(3)水质、水位管理 移栽前对水域进行清理,清除杂草水苔,捕捞草食性鱼类。为提高产品质量,灌溉水一定要清洁无污染。生长过程中水层不宜大起大落,否则影响分枝成苗率。移栽后到6月底,保持菱塘水深20~30厘米,增温促蘖,每隔15天换1次水。7月份后随着气温升高,菱塘水深逐步增加至45~50厘米。在盛夏可将水逐渐加深至1.5米,但最深不得超过2米。采收时,为方便操作,可将水深降至35厘米左右。从7月份开始,要求每隔7天换水1次,确保菱塘水质清洁,在红菱开花至幼果期,更要注意水质。

(4)施肥 栽后15天菱苗已基本成活,此时每667米² 撒施5千克尿素提苗,1个月后猛施促花肥,每667米² 施磷酸二铵10千克,促进开花,争取前期产量。初花期可进行叶面喷施磷肥、钾肥,方法是在50升水中加0.5~1千克过磷酸钙和草木灰,浸泡1夜,取其澄清液,每隔7天喷1次,共喷2~3次,以8~9时和16~17时喷肥为宜。等全田90%以上的菱盘结有3~4个果角时,再施入三元复合肥15千克,称为结果肥。以后每采摘1次即施入三元复合肥10千克左右,连施3次,以防早衰。

(5)病虫害防治 菱角的害虫主要有菱叶甲、菱金花虫等,特别是初夏雾雨天后虫害增多,一般农药防治用80%杀虫单可湿性粉剂400倍液和18%杀虫双水剂500倍液,如发现蚜虫可用10%吡虫啉可湿性粉剂2 000倍液进行喷杀。

菱角的病害主要有菱瘟、白烂病等,在天气闷热、湿度大时更易发生。防治方法:平时采用农业防治,即勤换水,保持水质清洁;在初发病时,应及时摘除病叶,晒干烧毁或深埋;发病后用50%甲基硫菌灵 1 000 倍液或 50% 多菌灵可湿性粉剂 600～800 倍液喷雾,从始花期开始,每隔 7 天喷药 1 次,连喷 2～3 次。

6. 采收　菱角的采收自处暑、白露开始,到霜降为止,每隔 5～7 天采收 1 次,共采收 6～7 次。采菱时,要做到"三轻"和"三防"。"三轻"是指提盘轻、摘菱轻、放盘轻;"三防"是指防猛拉菱盘,植株受伤,老菱落水;防采菱速度不一,老菱漏采,被船挤落水中;防老嫩一起采。总之,要老嫩分清,将老菱采摘干净。

第五章 翘嘴红鲌的饲料与投喂

一、翘嘴红鲌的饲料种类

翘嘴红鲌是以动物性饲料为主的杂食性鱼类,且很贪食。饲料的种类按其来源大致可分为水体天然饵料和精饲料两大类。水体天然饵料主要有浮游生物、底栖动物、小杂鱼、小虾等。浮游生物主要由原生动物、轮虫、枝角类和桡足类组成;底栖动物包括环节动物(各种水蚯蚓)、软体动物(螺、蚬、蚌)、水生昆虫及其幼虫(如摇蚊幼虫、蜻蜓幼虫)。幼鱼阶段主要以轮虫、枝角类和桡足类为食,也摄食一些绿藻和硅藻。稍长大后,摄食水生昆虫幼虫、孑孓和水蚯蚓等。成鱼阶段食谱很广,可摄食有机碎屑、蚯蚓、水生昆虫和野杂鱼等动物性饲料,但主要以小鱼、小虾为直接饵料。

精饲料包括谷实类、饼粕类、糠麸类、糟渣类等植物性饲料,还包括一部分动物性饲料,如蚕蛹粉、鱼粉、肉骨粉、血粉和其他屠宰下脚料。某些精饲料可以直接和小鱼、小虾的浆糜混合投喂,但在大多数情况下,精饲料通常是制成人工配合饲料再投喂。

从20世纪70年代开始,我国水产养殖工作者一直把翘嘴红鲌当作有害的凶猛鱼类来研究,主要研究如何在水库限制其种群发展,也一直认为它的主要是以小鱼、小虾为饵,不可能或很少摄食人工饲料,但经过近几年的研究和技术推广实践证明,翘嘴红鲌完全可以摄食人工配合饲料。在人工饲养条件下,饲料来源非常广泛,可以投喂米糠、豆饼、麸皮、豆渣、花生饼、菜籽饼、糖糟、酒糟以及少量鱼粉、蚕蛹粉等。此外,也能直接吞食一部分牛粪、猪粪和绿肥。在主养翘嘴红鲌的池塘中,可以直接投喂罗非鱼全价配合饲料,饲料粗蛋白质含量以在 28%～32% 较为合适,也可投喂鲫鱼、鳊鱼的全价颗粒饲料。

二、翘嘴红鲌颗粒饲料的配制

(一)饲料配方设计的原则

由于配合饲料是基于饲料配方基础上的加工产品,所以饲料配方设计的合理与否,直接影响到配合饲料的质量与效益,因此必须对饲料配方进行科学的设计。饲料配方设计必须遵循以下原则。

1. 营养原则

(1)必须以营养标准为依据　根据水产动物的种类、生长阶段和生长速度选择适宜的营养标准,并结合实际养殖效果确定日粮的营养浓度,至少要满足能量、蛋白质、钙、磷、食盐、赖氨酸和蛋氨酸这几个营养指标。同时,要考虑到水温、饲养管理条件、饲料来源与质量、水产动物健康状况等诸多因素的影响,对营养标准灵活运用,合理调整。

(2)注意营养的全面和平衡　配合日粮时,不仅要考虑各营养物质的含量,还要考虑各营养物质的全价性和平衡性,营养物质的全价性即各类营养物质之间以及同类营养物质之间的相对平衡。因此,应注意饲料的多样化,尽量多用几种饲料原料进行配制,取长补短。这样有利于配制成营养完全的日粮,充分发挥各种饲料中蛋白质的互补作用,提高日粮的消化率和营养物质的利用率。

(3)考虑水产动物的营养生理特点　大多数鱼类不能较好地利用碳水化合物,碳水化合物摄入过多易发生脂肪肝,因此应限制碳水化合物的用量。卵磷脂在脂溶性成分(脂肪、脂溶性维生素、胆固醇)的吸收与转运中起重要作用,鱼饲料中一般也要添加。

2. 经济原则 在水产养殖生产中,饲料费用占很大比例,一般要占养殖总成本的 70%～80%。在配制饲料时,必须结合水产养殖的实际经验和当地自然条件,因地制宜、就地取材,充分利用当地饲料资源,制订出价格适宜的饲料配方。优选饲料配方要注意的是,既要保证营养能满足水产动物的合理需要,又要保证价格最优。也只有合理地选用饲料原料,才能实现配方的营养原则和经济原则。一般说来,利用本地饲料资源,可保证饲料来源充足,减少饲料运输费用,降低饲料生产成本。在配方设计时,可根据不同的养殖方式设计不同营养水平的饲料配方,最大限度地节省成本。此外,开拓新的饲料资源也是降低成本的途径之一。

3. 卫生原则 在设计饲料配方时,应充分考虑饲料的卫生安全要求,所用的饲料原料应无毒、无害、未发霉、无污染。在饲料原料中,玉米、米糠、花生饼、棉籽饼因脂肪含量高,容易发霉感染黄曲霉菌并产生黄曲霉毒素,用这样的饲料投喂水产动物,会损害其肝脏。此外,还应注意所使用的原料是否受到农药和其他有毒、有害物质的污染。

4. 安全原则 安全性是指根据设计配方生产出来的饲料,在饲养实践中必须安全可靠,所选用原料品质必须符合国家有关标准的规定,有毒、有害物质含量不得超出允许限度;在饲料中与动物体内,应有较好的稳定性;长期使用不产生急慢性毒害等不良影响;在水产品中的残留量不能超过规定标准,不得影响水产品的质量和人体健康;不导致亲鱼生殖生理的改变或繁殖性能的损伤;维生素等的含量不得低于产品标签标明的含量或超过有效期限。

5. 生理原则 科学的饲料配方,其所选用的饲料原料还应适合鱼类的食欲和消化生理特点,所以要考虑饲料原料的适口性、容积、调质性和消化性等。

（二）原料的选择要求

为配制出高品质的配合饲料，在选择配合饲料的原料时应注意以下几个问题。

1. 饲料原料的营养价值　在配制饲料时必须详细了解各类饲料原料的营养成分含量，有条件时应进行实验室检测。

2. 饲料原料的特性　配制饲料时还要注意饲料原料的有关特性，如适口性、饲料中毒害成分的含量、有无霉变、来源是否充足、价格是否合理等。

3. 饲料的组成　饲料的组成应坚持多样化的原则，这样可以发挥各种饲料原料之间的营养互补作用，如目前提倡多种饼类配合使用，以保证营养物质的完全平衡，提高饲料的利用率。

4. 其他特殊要求　原料的选择要考虑水产饲料的特殊要求，考虑其在水中的稳定性，因此必须选用 α-淀粉、谷朊粉等作为黏合剂。

（三）制作配合饲料的原料

制作翘嘴红鲌配合饲料的原料与其他鱼、畜、禽的大致相同，一般包括 4 个方面。

1. 能量饲料　能量饲料在日粮中占有相当大的比例，一般占50％以上，所以说能量饲料的营养特性显著地影响着配合饲料的质量。各种饲料所含的有效能量多少不一，这主要决定于粗纤维含量。在饲料分类中，规定干物质中粗蛋白质含量低于 20％、粗纤维含量低于 18％ 的饲料为能量饲料。

目前，常用的能量饲料主要是谷实类，如玉米、稻谷、大麦、小麦、燕麦、粟谷、高粱及其加工副产品，其他一些能量饲料如块根、块茎、瓜果类在渔用配合饲料中不常用。

2. 蛋白质饲料　常见的蛋白质饲料有黄豆、豌豆、蚕豆、红小豆、黑豆、豆饼、棉籽饼、菜籽饼、芝麻饼、花生饼等。另一类比较优质的动物性蛋白质饲料是鱼粉、骨肉粉、虾粉、蚕蛹粉、肝粉、蛋粉、血粉等。蛋白质分解之后变成氨基酸,氨基酸添加剂是蛋白质的营养强化剂,饲料中添加少量的必需氨基酸,可与饲料中的氨基酸配套,提高饲料的利用率。

3. 粗饲料　干物质中粗纤维含量在 18% 以上的饲料,都属于粗饲料,主要包括作物的秸秆、藤叶、秕壳、干草,其中豆科的藤叶、秸秆是营养价值较高的粗饲料。

4. 添加剂　添加剂一般分为以下 4 类。

(1)矿物质添加剂　包括常量和微量元素添加剂。一般植物性饲料中缺乏钙、磷、氯、钠,因此可用食盐补充氯和钠,用滑石粉、蛋壳粉、贝壳粉、骨粉、脱氟磷矿粉补充钙和磷。在微量元素中,目前已知在饲料中缺乏且添加之后在养殖生产中能发挥作用的有铁、锌、铜、锰、钴等。在配合饲料中选配哪几种矿物质元素及其使用的比例,这与所产饲料原料的地区性关系很大,如有的地区缺铜,而有的地区缺锌,配料时应了解这些物质在饲料中的含量,再按饲养标准确定添加矿物质的种类和数量。

(2)氨基酸添加剂　根据对鱼类所需氨基酸的研究,证明鱼类所需的必需氨基酸有 10 多种,最主要的有赖氨酸、蛋氨酸和色氨酸。作为饲料添加剂用的氨基酸工业产品有 DL-蛋氨酸、盐酸 L-赖氨酸、甘氨酸、谷氨酸钠、L-色氨酸等。饲料中氨基酸的含量差别很大,很难规定一个统一的添加比例,目前一般添加量为饲料总重量的 0.1%～0.3%,具体添加比例要根据饲料中的营养浓度和饲养实践来确定。

(3)维生素添加剂　目前可作为饲料维生素添加剂的主要有维生素 A 粉末、维生素 A 油、维生素 D_2 油、维生素 E 粉末、维生素 E 油、维生素 K 粉末、维生素 B_1、维生素 B_2、维生素 B_6、烟酸、泛酸、氯化胆碱等。

(4)非营养性添加剂 包括激素、抗生素、抗寄生虫药物、人工合成抗氧化剂、防霉剂等,使用时应严格按生产厂家说明书添加。任何同效的 2 种添加剂不得在同一种饲料中同时加入。

(四)饲料配方设计的方法

饲料配方设计是动物营养学、饲料科学同数学与计算机科学相结合的产物,它是实现饲料合理搭配,获得高效益,降低成本的重要手段,是发展配合饲料,实现养殖业现代化的一项基础工作。常用的饲料配方计算方法有试差法、对角线法、联立方程法和计算机法,使用时各有利弊。

(五)饲料配方举例

根据笔者的试验,翘嘴红鲌的颗粒饲料要求粗蛋白质含量在 28%～38%、粒径在 2～3 毫米比较合适,用浮性颗粒饲料完全可以替代冰鲜鱼或活鱼进行大规模人工投喂,这里介绍几个效果较好的饲料配方,供参考。

配方一:鲱鱼粉 25%,大豆粕 30%,面粉 22.5%,清糠(或小麦细麸粉)10%,棉籽粕 5.2%,菜籽粕 4%,鱼油 2%,维生素预混料 0.15%,矿物质预混料 0.1%,磷酸二氢钙 1%,包膜维生素 C 0.05%。配制后饲料粗蛋白质含量为 37%。

配方二:红鱼粉 12%,大豆粕 30%,鱼精粉 1%,大麦片 10%,油糠 28%,麸皮 6%,尾粉 10%,磷酸氢钙 0.3%,碳酸钙 0.2%,大豆油 1%,食盐 0.5%,矿物质预混料 1%。配制后饲料粗蛋白质含量为 28%。

配方三:鱼粉 38%,骨粉 5%,脱脂奶粉 5%,棉籽饼粉 15%,尾粉 22%,啤酒酵母 10%,维生素混合剂 4.5%,纤维素粉 0.5%。配制后饲料粗蛋白质含量为 33%。

(六)配合饲料的加工

饲料加工是指将饲料原料充分粉碎、混合后制作成具有一定物理形状的配合饲料的生产过程。加工方法有机械加工和半机械加工等多种。一般饲料成品有粉状和颗粒状2种。颗粒制粒方法有压力法和膨化法。

生产上，翘嘴红鲌的饲料一般制作成湿软颗粒或面团状，这两种形状的饲料对翘嘴红鲌都有较好的适口性。为使鱼类能够有效摄食和减轻水质污染，翘嘴红鲌饲料最好加工成可在水中有一定稳定时间的颗粒。

湿软颗粒饲料或半干颗粒饲料的制作方法是：在干的经粉碎的原料中加入水和某种亲水胶体黏合剂，如羧酸钠、甲基纤维素、α-淀粉或苜蓿粉，再混合制成柔软的湿颗粒。湿颗粒饲料的优点是适口性好，加工设备简单，不需要加热和干燥设备等。但缺点是易变质，如不立即投喂或冷冻保存，很容易受微生物污染或被氧化。制作湿颗粒饲料的某些原料应进行消毒处理，使可能存在的病原体和硫胺素酶失活。如无冷冻条件，可在湿颗粒饲料中加入丙烯乙二醇之类的致湿剂，可以降低水的活性使微生物无法生存；或加入丙酸、山梨酸之类的防霉剂，抑制霉菌的生长。一般情况下，湿颗粒饲料都应在密封状态下低温贮存，以防变质。制作翘嘴红鲌湿软颗粒饲料时，水的适宜加入量为30%～40%。

(七)影响配合饲料质量的因素

影响配合饲料质量的因素较多，概括起来有以下几个方面。

1. 饲料原料　饲料原料是保证饲料质量的重要环节，劣质原料不可能加工出优质的配合饲料，为了降低饲料成本而采购价廉而劣质的原料是不可取的。

2. 配合饲料配方　饲料配方的科学设计是保证饲料质量的

关键,配方设计不科学、不合理就不可能生产出质量好的配合饲料。

3. 饲料加工 配合饲料的加工与质量关系极为密切,仅有好的配方、好的原料,如加工过程不合理也不能生产出好的配合饲料。在加工过程中影响饲料质量的因素有:粉碎粒度是否够细,称量是否准确,混合是否均匀,除杂是否完全,蒸汽调质的温度、压力是否适宜,造粒是否压紧,颗粒大小是否合适,熟化温度与时间是否科学等。

4. 饲料原料和成品的贮藏 饲料原料和成品在运输贮藏中决不能掉以轻心,必须采取有力措施,加强管理以保证其质量。

三、翘嘴红鲌的投喂

高效益的水产养殖不仅需要了解养殖对象对各种营养物质的需求,科学配制饲料,还必须掌握投喂技术。有了好的饲料,还需要科学的投喂技术,才可能取得好的饲料报酬和经济效益,否则会导致饲料浪费和经济效益降低。

在饲料投喂技术上,水产动物养殖者所面临的最大难题是如何确保饲料被水产动物完全摄食而无水中损失。此外,水产动物的摄食活动尤其是摄食沉性饲料时其摄食情况难以观察,这也给投喂工作带来了困难。这些问题在饲喂其他动物时是不会发生的,即使发生也较易解决。水产动物养殖中的投喂问题有其明显的特殊性和困难性,在实际工作必须认真对待。合理的投喂与水产动物的生物学特性、饲料的消化性以及环境因素有关。

(一)投 喂 量

投喂量是指在一定时间(一般是 24 小时)内投放到某一养殖水体中的饲料量。它与水产动物的食欲、种类、数量、大小、水质、饲料质量等有关,在实际工作中,投喂量常用投喂率进行度量。投喂率亦称日投喂率,是指每天投喂饲料量占养殖对象体重的百分数。日投喂量是实际投喂率与水中载鱼量(指摄食鱼)的乘积。为了确定某一具体养殖水体中的投喂量,需首先确定投喂率和载鱼量。

1. 影响投喂率的因素 投喂率受许多因素的影响,主要包括养殖动物种类、规格(体重)、水温、水质(溶氧)和饲料质量等。

(1)规格 不同规格的翘嘴红鲌对饲料的摄食消化能力也不同,故对投喂率的要求也不一样。幼龄阶段生长速度快,对营养的需求量高,随着翘嘴红鲌的生长,生长速度逐渐下降,对营养素的需求量也随之下降。因此,在养殖生产中,鱼种阶段的投喂率要比成鱼阶段高。1～5克的翘嘴红鲌幼鱼投喂率为6%～10%,而200克以上的翘嘴红鲌一般投喂率为3%(28℃)。

(2)水温 翘嘴红鲌是变温动物,水温影响它们的新陈代谢和食欲。在适温范围内,鱼的摄食随水温的升高而增加。如300克的翘嘴红鲌鱼,在水温为18℃时摄食率为1.6%,在20℃时的摄食率为4.8%,在25℃时为6.8%,在30℃时为3.4%。因此,应根据不同的水温确定投喂率,一年中不同月份的投喂量应有所变化。

(3)水质 水质的优劣直接影响翘嘴红鲌的食欲、新陈代谢和健康状况。一般在缺氧的情况下,翘嘴红鲌会表现出极度不适和厌食。水中溶氧量充足时,则食量加大。因此,应根据水中的溶氧量调节投喂量,如气压低时,水中溶氧量低,鱼容易缺氧,相应的应降低饲料投喂量,以免未被摄食的饲料造成水质的进一步恶化。

(4)饲料的营养与品质 一般来说,质量优良的饲料翘嘴红鲌喜食,而质量低劣的饲料,如霉变饲料,则会影响翘嘴红鲌的摄食,甚至引起拒食。饲料的营养含量也会影响投喂量,特别是日粮的蛋白质含量,对投喂量的影响最大。

2. 投喂量的确定 鱼类投喂量的确定方法主要有2种,即饲料全年分配法和投喂率表法。

(1)饲料全年分配法　是根据从实践中总结出来的在特定养殖方式下翘嘴红鲌的饲料全年分配比例表,计算出按月份分配的饲料投喂量。具体方法是:首先根据不同的养殖方式估算出全年净产量,再根据饲料品质估测出饲料系数,然后估算出全年饲料总需要量,再根据饲料全年分配比例表,确定出逐月、逐日分配的投喂量(表5-1)。

表 5-1　月投喂率变化　(%)

月　份	5	6	7	8	9	10
投喂率(%)	2	3～4	2.8～3.5	2.8～3.5	2.4	0.7

(2)投喂率表法　是根据试验和长期生产实践得出的不同种类和规格的鱼类在不同水温条件下的最佳投喂率而制成的投喂率表,并根据水体中实际载鱼量求出每日的投喂量,其中实际投喂率经常要根据饲料质量和鱼类摄食情况进行调整。水体中的载鱼量是指某一水体中养殖的所有鱼类的总重量,一般可用抽样法估测,具体做法如下:首先从水体中随机捕出部分鱼类,记录尾数并称其总重量,求出尾平均重。然后根据日常记录,用放养时的总尾数减去死亡数得出水体中现存的鱼尾数,用此尾数乘以尾平均重即估测出水体中的载鱼量。影响鱼类投喂率的因素很多,在实际工作中要灵活掌握。表5-2至表5-5就是翘嘴红鲌在不同养殖条件下的投喂率表,供参考。

表 5-2　池塘养殖翘嘴红鲌投喂率

水温(℃)	投喂率(%)
20 以下	0.5
20～22	0.5～1
22～25	1～2

续表 5-2

水温(℃)	投喂率(%)
25~28	2~3
28~32	3~5

表 5-3　不同规格翘嘴红鲌的投喂率　（%）

规格(克/尾)	水温(℃)			
	15~18	18~22	22~28	28~32
小于 100	3	4	6	4
100~250	3	4	5	3
250~500	2.5	3.5	4	2
500 以上	2	3	3.5	1

表 5-4　网箱养殖翘嘴红鲌投喂率　（%）

水温(℃)	体重(克)					
	50~100	100~200	200~300	300~700	700~800	800~900
17	2.8	2.2	1.8	1.5	1.2	0.9
18	3	2.3	1.9	1.7	1.3	1
19	3.2	2.5	2	1.8	1.4	1
20	3.4	2.7	2.2	1.9	1.5	1.1
21	3.6	2.9	2.3	2	1.6	1.2
22	3.9	3.1	2.5	2.2	1.7	1.3
23	4.2	3.3	2.7	2.3	1.8	1.4
24	4.5	3.5	2.9	2.5	2	1.5
25	4.8	3.8	3.1	2.7	2.1	1.6
26	5.2	4.1	3.3	2.9	2.3	1.7
27	5.5	4.4	3.5	3.1	2.4	1.8

续表5-4

水温(℃)	体重(克)					
	50~100	100~200	200~300	300~700	700~800	800~900
28	5.9	4.7	3.8	3.3	2.6	1.9
29	6.3	5	4.1	3.5	2.8	2.1
30	6.8	5.4	4.4	3.8	3	2.2
31	2.6	2	1.7	1.4	1.1	0.8
32	2.4	1.9	1.6	1.3	1.1	0.8

表5-5 1龄翘嘴红鲌投喂率 （%）

水温(℃)	体重(克)					
	2~5	5~10	10~20	20~30	30~40	40~50
19	6.3	5.4	4.4	4.2	3.7	2.9
20	6.9	5.9	4.9	4.6	4	3.2
21	7.5	6.4	5.2	4.9	4.3	3.4
22	8.1	6.9	5.6	5.3	4.5	3.6
23	8.7	7.4	6	5.6	4.9	3.9
24	9.2	7.9	6.4	6	5.1	4.1
25	9.8	8.2	6.7	6.2	5.4	4.4
26	10.4	8.8	7	6.6	5.8	4.6
27	11	9.4	7.5	7.2	6.2	5
28	11.6	10	8.1	7.8	6.8	5.4
29	12.6	10.8	8.9	8.4	7.4	5.8
30	13.8	11.8	9.8	9.2	8	6.4
31	5.2	4.4	3.5	3.3	2.9	2.3
32	4.9	4.1	3.3	3.1	2.7	2.2

颗粒饲料的投喂量是根据以上原则确定的,而以冰鲜鱼或鲜鱼作为饵料时,鱼糜的日投喂量为存塘鱼重量的 8%～10%,鱼块的日投喂量为存塘鱼重量的 5%～8%,一般以在 1 小时内吃完为宜。而以活鱼作为饵料时,每次投喂量为翘嘴红鲌存塘鱼重量的 1～2 倍即可。

(二)投喂技术

水产养殖由于鱼的品种、规格不同以及养殖环境和管理条件的变化,需要采用不同的投喂方式。饲养时必须根据鱼的大小、种类认真考虑饲料的特性,如来源(活饵或人工配合饲料)、颗粒规格、组成、密度和适口性等。而投喂量、投喂次数对鱼的生长率和饲料利用率有重要影响。此外,使用的饲料类型(浮性或沉性、颗粒或团状等)以及饲喂方法要根据具体条件而定。可以说,投喂方式与满足饲料的营养要求同样重要。

1. 开食时机与饵料种类　刚孵出的翘嘴红鲌仔鱼以卵黄为营养源,7 天后卵黄囊消失,开始摄取外源性营养物质。其最主要开食饵料是浮游动物、水蚯蚓等活饵料,对人工饲料也能摄食,但需要一个适应过程,在此期间用水蚯蚓和配合饲料混合投喂效果最好。30 天后,鱼对人工配合饲料的接受能力增强,开始大量摄食人工配合饲料,这一时期的鱼苗即可进行人工配合饲料强化转食。

2. 配合饲料的规格　颗粒饲料具有较高的稳定性,可减少饲料对水质的污染。此外,投喂颗粒饲料便于观察鱼的具体摄食情况,灵活掌握投喂量,可以避免饲料的浪费。最佳饲料颗粒规格应随鱼体增长而增大,最好不要超过各阶段鱼口径的 2/3。

3. 投喂方法　包括人工手撒投喂、饲料台投喂和投喂机投喂。人工手撒投喂的方法费时费力,但可详细观察鱼的摄食情况,池塘养鱼还可通过人工手撒投喂驯养鱼抢食。饲料台投喂可用于摄食较缓慢的鱼类,将饲料制成面团状,放置于饲料台让鱼自行摄食,一般要求饲料具有良好的耐水性。投喂机投喂则是将饲料制成颗粒状,按 1 天总量分几次用投喂机自动投喂,这种方法省时省力,但要求准确掌握鱼类的每日摄食量,以防止浪费。

4. 投喂次数　又称投喂频率,是指在确定日投喂量后,将饲料分几次投放到养殖水体中。一般鱼苗每日投喂 6～8 次,鱼种2～5 次,成鱼 1～2 次。

5. 投喂时间　应安排在鱼食欲旺盛的时候,这取决于水温与溶氧量。一般而言,配合饲料投喂宜在每日 8～9 时和 15～16 时。7～9 月份高温季节,上午可提前 1 小时、下午可推迟 2 小时投喂。冰鲜鱼或鲜鱼的投喂通常是在鱼种放养后 1 个月内进行,方法是用冰鲜鱼制成鱼糜,日投喂 4～5 次,掌握少量多次的原则,1 个月后,投喂切碎的冰鲜鱼块,每日投喂 2 次,投喂时间与颗粒饲料投喂时间相同。活鱼一般 5～7 天投喂 1 次,每次投喂足够的饵料即可。

6. 投喂场所　池塘养鱼的饲料台应选择在向阳、池底无淤泥的地方,水深应在 0.8～1 米。

7. 投喂要领　可概括为"四看"和"五定"。"四看"即看季节、看天气、看水质、看鱼情,看季节就是要根据不同的季节调整翘嘴红鲌的投喂量,一年当中两头少,中间多,6～9 月份的投喂量要占全年的 85%～95%;看天气就是根据气候的变化改变投喂量,晴天多投,阴雨天少投,闷热天气或阵雨前停止投喂,雾天、气压低时待雾散开再投;看水质就是根据水质的优劣来调整投喂量,水质好、水色清淡,可以正常投喂,水色过深、水藻成团或有泛池迹象时应停止投喂,加注新水,水质变好后再投喂;看鱼情就是根据翘嘴红鲌的状态来改变投喂量,这是决定投喂量最直观的依据,如翘嘴红鲌活动正常,能够在 1 小时内吃完投喂的饲料,翌日可以适当增加投喂量,否则要减少投喂量。

"五定"即定时、定位、定量、定质和定人。定时是指在每天固定的时间投喂,翘嘴红鲌每天投喂时间可选在早晨和傍晚2次投喂,低温或高温时可以只投喂1次;定位是指搭设饲料台,让鱼在固定位置摄食,一般每667米² 水面设置2～3个饲料台,饲料台可用塑料布等制作,面积为1～2米²,呈"凹"字形,距离池塘底部15厘米左右,这样做既便于翘嘴红鲌的取食,又便于清扫和消毒;定量即根据翘嘴红鲌的体重和水温来确定日投喂量;定质就是要求饲料营养全面,加工精细,大小合适,新鲜清洁,无变质现象;定人就是要有专人进行投喂。

(三)驯 食

翘嘴红鲌的驯食就是训练翘嘴红鲌养成集群到饲料台摄食配合饲料的习惯。驯食可以提高人工配合饲料的利用率,增加翘嘴红鲌的摄食强度,使成鱼捕捞和鱼病防治工作更加简单有效。如果池塘投放的翘嘴红鲌规格较大,在苗种阶段进行过驯食,再进行驯食比较容易;如果投放的翘嘴红鲌规格较小,苗种阶段可能没有进行过驯食,应尽早训练。

对翘嘴红鲌驯食的方法很多,现介绍一种简单有效的方法。当翘嘴红鲌达到5厘米时,每天傍晚时分将新鲜的鱼虾肉浆投放到饲料台,待翘嘴红鲌摄食后,再拌和部分颗粒饲料,这样连续10天左右,驯食即可获得成功。

第六章　翘嘴红鲌的疾病防治

一、导致翘嘴红鲌发病的原因

导致翘嘴红鲌发病的原因比较复杂,既有外因也有内因。查找根源时,不应只考虑某一个因素,应该把外界因素和内在因素联系起来加以考虑,才能正确地找出发病原因。

(一)外部因素

1. 化学物质　池水化学成分的变化往往与人们的生产活动、周围环境、水源、生物活动(鱼类、浮游生物、微生物等)、底质等有关。如鱼池长期不清塘,池底堆积大量没有分解的剩余饲料、鱼类粪便等,这些有机物在分解过程中,会大量消耗水中的溶解氧,同时还会放出硫化氢、沼气、二氧化碳等有害气体来毒害翘嘴红鲌。有些地方土壤中的重金属(铅、锌、汞等)含量较高,在这些地方修建鱼池,容易引起弯体病。目前,工厂、矿山和城市排出的工业废水和生活污水日益增多,这些水源中含有一些重金属毒物(铅、锌、汞)、硫化氢、氯化物等,这些废水如进入鱼池,轻则影响鱼类健康,使鱼的抗病能力减弱或引起传染病的流行,重则引起池鱼的大量死亡。

2. 酸碱度　养殖水体的酸碱度以 $7\sim8.5$ 为宜,水体 pH 值低于 5 或高于 9.5 会引起翘嘴红鲌生长不良,甚至死亡。

3. 溶氧量　水中溶氧量的高低对翘嘴红鲌的生长和生存有直接的影响。在溶氧缺乏的水中,翘嘴红鲌对饲料的利用率低,体质渐弱。溶氧量低至引起浮头时,如果短时间内不增加溶氧量,就会造成翘嘴红鲌死亡;而溶氧过多、过饱和,则又会造成鱼苗和鱼种患气泡病。

4. 水温 翘嘴红鲌是变温动物,在正常情况下,体温随外界水温变化而变化,外界水温变化过快,翘嘴红鲌就难以适应,易于死亡。因此,鱼苗、鱼种在运输过程中和下塘时,要求水温变化不超过 2℃,长期高温或低温对翘嘴红鲌会产生不良影响,如水温过高,可使翘嘴红鲌的食欲下降。

5. 机械性损伤 拉网捕鱼、鱼种运输以及人工授精时操作不当,常使翘嘴红鲌受伤,引起组织坏死,同时伴有出血现象,容易被水霉感染而导致腐皮病、水霉病的发生。

(二)生物因素

一般常见的鱼病,多数是由各种生物(包括病毒、细菌、霉菌、寄生虫、藻类)传染或侵袭而引起的。另外,还有些直接吞食或直接危害翘嘴红鲌的敌害生物,如池塘内的青蛙会吞食翘嘴红鲌的卵和幼鱼,池塘里如果有乌鳢生存,在翘嘴红鲌苗种刚下塘时,对它们的危害较大。

(三)人为因素

1. 放养密度不当和混养比例不合理 合理的放养密度能够增加鱼产量,但放养密度过大,会造成缺氧,并降低饲料利用率,引起翘嘴红鲌生长速度不一致,大小悬殊,同时由于鱼缺乏正常的活动空间,加之代谢物增多,会使其正常的摄食生长受到影响,抵抗力下降,发病率增高。另外,不同规格的翘嘴红鲌同池饲养,易发生以大欺小和相互咬伤的现象,长期受欺的鱼和被咬伤的鱼,往往有较高的发病率。

鱼类食性不同,混养时应注意放养比例和规格,如比例不当,不利于翘嘴红鲌的生长。

2. 饲养管理不当　饲料营养不全面,不能满足翘嘴红鲌生长、发育的需要,如长期缺乏维生素、矿物质,投喂不清洁或变质的饲料,投喂不均匀、时饥时饱,水草丛生,水质恶化等均能引起鱼病。

3. 饲养池和进、排水系统设计不合理　饲养池特别是其底部设计不合理时,不利于池中残饵、污物的彻底排除,易引起水质恶化使鱼发病。进排水系统不独立,一池鱼发病往往也传播到另一池,这种情况在大面积精养或流水池养殖时更要注意预防。

4. 消毒不严　鱼体、池水、饲料台、饲料、工具等消毒不严,会使鱼的发病率大大增加。

5. 检疫不严　从外地引种时,未经检疫,使伤鱼、病鱼混入池内,从而引发疾病。

(四)内在因素

翘嘴红鲌患病与否,除上述外在因素外,主要还取决于鱼体的内因,即翘嘴红鲌的免疫能力。在一定的外界条件下,翘嘴红鲌对不同的疾病,抵抗力也有所不同,如出血性水肿病会引起大面积死亡,而三代虫病、鱼鲺病等所引起的危害要小得多。翘嘴红鲌不同的生长时期对同一疾病的抵抗力也不同,如苗种期患小瓜虫病的机会要大于成鱼期。

二、翘嘴红鲌疾病发生的特点

根据笔者的生产经验,认为翘嘴红鲌在人工养殖时,其疾病发生有以下明显特点。

(一)区 域 性

是指部分鱼病的发生具有地域分布上的差异,主要受水质肥瘦、水温高低等因素影响。例如,小瓜虫病在湖泊网箱养殖时容易发生,而在池塘混养时则不易发生。

(二)季 节 性

是指疾病的发生具有气候、水温上的差异。例如,在每年的3～5月份和8～10月份是小瓜虫病的流行季节,也就是说,小瓜虫病的发病高峰期在春秋季;而指环虫病在每年的夏秋季流行,一般为6～10月份;而各类细菌性疾病一般发生在5～11月份。

(三)持 续 性

是指部分疾病的发生是连续或断续的,这是由于抗药性、用药不规范、杀虫不彻底或病害复发所导致的。例如,指环虫病虽在每年夏秋季流行,但不管如何用药,此虫仍一年四季在翘嘴红鲌的鳃部寄生。

三、翘嘴红鲌疾病的种类

按病原来分,翘嘴红鲌的疾病大致可分为传染性病害、侵袭性病害和其他因素引起的病害。

(一)传染性病害

由病毒、细菌、霉菌、单细胞藻类等引起,分为急性、亚急性和慢性3种,有潜伏期、预兆期、发作期和痊愈期等阶段,感染形式有单纯感染和混合感染。传染病通过皮肤、黏膜、鳃、消化道和排泄系统等侵入鱼体内,但能否导致患病主要由翘嘴红鲌的健康状况、病原侵入数量以及环境条件来决定。翘嘴红鲌的鳞片和皮肤是防止传染病侵入的有效防御组织。

(二)侵袭性病害

由动物性寄生虫(如原生动物、蠕虫、软体动物幼虫、甲壳动物等)引起,其主要来源是带有寄生虫的鱼和病鱼尸体,被污染的饲料、养鱼工具、池水、池泥和水生动植物等也可导致侵袭性病害。

(三)其他因素引起的病害

除上述两大类由病原体引起的疾病外,还有许多物理、化学和生物因素所引起的病害。如缺氧所引起的浮头以及工业污水、城镇生活污水以及某些藻类水华产生的有毒物质而引起的鱼病。这类外界条件的不利影响,能直接引起翘嘴红鲌生理功能的失调,甚至导致大量死亡,其危害性不亚于传染性和侵袭性鱼病。

四、鱼病的检查方法

检查鱼病时应使用肉眼检查和显微镜检查相结合的方法。为了能准确检查出翘嘴红鲌发病的病因,供检查的病鱼应是活体或刚死亡的,并要保持鱼体的湿润。解剖时要保持器官的完整性并防止相互污染,同时做好记录。

(一)肉眼检查

重点检查体表、鳃、内脏 3 部分。将病鱼置于盘中依次从头部、嘴、眼、鳃盖、鳍等顺序仔细观察。

1. 体表　检查有无大型病原体,如水霉、嗜子宫线虫、锚头蚤、鱼鲺等。

根据症状辨别病原,如车轮虫、鱼波豆虫、斜管虫、三代虫等寄生,一般会引起翘嘴红鲌分泌大量黏液,有时微带污泥,或是头、嘴和鳍条末端腐烂,但鳍条基部一般无充血现象。双穴吸虫病,则表现出眼睛混浊,有白内障。疖疮病的病变部位发炎、脓肿。白皮病的病变部位发白,黏液减少,用手摸时有粗糙的感觉。腐皮病的病变部位产生侵蚀性的腐烂等。病鱼尾巴极度上翘、颅脑发黄,在水中狂打圈,则为疯狂病。

2. 鳃 鳃部检查的重点部位是鳃丝。首先,要注意鳃丝是否张开,而后将鳃丝剪下,观察鳃丝的颜色是否正常,黏液是否较多,鳃丝末端是否有肿大发白和腐烂现象。如患细菌性烂鳃病,则鳃丝末端腐烂,黏液较多;鳃霉病则鳃片的颜色发白,略带血红色小点;如患鱼波豆虫病,则鳃丝上有较多黏液;患中华鳋病、指环虫病以及黏孢子虫病等寄生虫病,则常表现出鳃丝肿大、鳃盖张开等症状;如亚硝酸盐中毒,鳃丝颜色变为紫红色。

3. 内脏 将一边的腹壁剪去,从肛门部位向左上方沿侧线剪至鳃盖后缘,向下剪至胸鳍基部,除去整片侧肌。观察是否有腹水和肉眼可见的寄生虫,如线虫、舌状绦虫等。仔细观察各内脏的颜色、大小、位置、有无出血、充血等。肝脏、胰脏的正常颜色为粉红色,外表光滑。肠道正常时,因其中有饲料、粪便存在,呈暗褐色,边缘呈粉红色,鳔为白色。分离肠道,轻轻将肠道中的饲料、粪便去掉,然后观察是否发生充血或有肉眼可见的寄生虫,肠壁是否有小寄生虫寄生,并观察肠壁的质地。

(二)显微镜检查

肉眼检查通常局限于症状比较明显的鱼病,对一些症状不太明显的鱼病则需要显微镜检查。同时,翘嘴红鲌发病情况比较复杂,很多情况下存在多种症状并发,单凭肉眼不能确定病症,需要准确确定病原体种类时,必须进行显微镜检查。

镜检一般先在目检所确定的病变部位进行,检查方法为从病变部位取少量组织或黏液,置于载玻片上,再滴加少量蒸馏水(如病变部位为内脏组织,就需要用生理盐水或 0.85% 食盐水),然后盖上盖玻片,用显微镜从低倍到高倍仔细检查。

1. 体表 用解剖刀刮取少许体表黏液置于载玻片上,加适量蒸馏水,盖上盖玻片,放在显微镜下检查,如有异物,可直接将异物置于镜下检查。

寄生在体表的小型寄生虫种类很多,常可发现车轮虫、斜管虫、鱼波豆虫、杯体虫和小瓜虫等寄生虫,若发现白点或黑色胞囊,压碎后可看到黏孢子虫或吸虫囊蚴。

2. 鳃丝 用小剪刀剪取 1 块鳃组织放在载玻片上,滴加适量蒸馏水后盖上盖玻片,放在显微镜下镜检。在鳃上可能有许多种类的原生动物、单殖吸虫和甲壳类等寄生。如鳃隐鞭虫、鱼波豆虫、车轮虫、斜管虫、毛管虫、杯体虫、黏孢子虫、指环虫和血吸虫虫卵等。

3. 肠道 取出少许肠道内的黏液置于载玻片上,滴加少量生理盐水或 0.85％食盐水,加盖玻片放在显微镜下检查。在肠道内的寄生虫有原虫类和蠕虫类等,如黏孢子虫、球虫、肠袋虫、六鞭虫以及变殖吸虫、绦虫和线虫的虫卵等。

五、鱼病的预防

与四大家鱼相比,翘嘴红鲌的疾病相对要少,这与它们适应的环境条件广、抗病力强以及食性有关。但是,越冬期间和日常养殖中,也有一些常见的鱼病发生,因此应重视疾病的防治工作,保证获得较好的经济效益。另外,鱼病防治也是提高鱼苗、鱼种成活率和成鱼稳产、高产的一项重要措施。

翘嘴红鲌鱼病防治应本着"防重于治、防治相结合"的原则,贯彻"全面预防、积极治疗"的方针。目前常用的预防措施有以下几种。

（一）彻底清塘消毒

无论是养殖池还是越冬池，鱼进池前都要消毒清池。

1. 生石灰清塘 水深 10 厘米的池塘每 667 米² 用量为50～75 千克,若 1 米水深时,每 667 米² 用量为 130～150 千克,全池泼洒。施药后 7 天左右可放鱼。

2. 茶饼清塘 先将茶饼捣碎,浸泡 1 天,选择晴天全池泼洒。1 米水深每 667 米² 用量为 40～50 千克。施药后 10 天左右可放鱼。

3. 漂白粉清塘 用量为每立方米水体 20 克,化开后立即全池泼洒。施药后 10 天左右可放鱼。

4. 生石灰和茶饼混合清塘 水深 0.66 米每 667 米² 用生石灰 50 千克和茶饼 30 千克。先将茶饼捣碎浸泡好,然后混入生石灰中,生石灰吸水化开后,再全池泼洒。1 周后,可以试水放鱼。

5. 生石灰与漂白粉混合清塘 水深 1 米每 667 米² 用生石灰 65～80 千克和漂白粉 6.5 千克,用法与漂白粉、生石灰单独清塘时相同。施药后 10 天左右可以放鱼。

（二）鱼种消毒

一般常用 3‰～5‰ 食盐水、10 毫克/升漂白粉溶液、8 毫克/升硫酸铜溶液、20 毫克/升高锰酸钾溶液等。这些药物的适用对象为皮肤和鳃上的细菌和寄生虫。高锰酸钾和敌百虫对单殖吸虫和锚头蚤有特效,漂白粉和硫酸铜混合使用,可消灭大多数寄生虫和细菌。

（三）饲料和饲料台消毒

饲料用清水洗净,选择鲜活的投喂,粪肥等则每 500 千克加入 120 克漂白粉,搅拌均匀后施放。饲料台消毒采取漂白粉挂篓或挂袋的方法,可预防细菌性皮肤病和烂鳃病。

(四)定期药物预防

细菌性肠炎、寄生虫性鳃病和皮肤病等,常集中于一定时间暴发。在发病前采取药物预防,往往能收到事半功倍的效果。

(五)环境卫生和工具消毒

清除杂草,去除水面浮沫,保持水质良好,及时掩埋死鱼,是防止翘嘴红鲌鱼病发生的有效措施之一。鱼用工具最好是专塘专用,如做不到专塘专用,应在换塘使用前用 10 毫克/升硫酸铜溶液浸泡 5 分钟。

(六)控制水质

养殖用水一定要杜绝引用工厂废水,利用地下深井水和温泉水时,事先要采水样进行水质分析。如深井水无溶氧或含铁量过高,应采取曝气增氧和除铁措施(氧化、沉淀、过滤等)。

(七)捕捞与运输操作

翘嘴红鲌在越冬期易发生水霉病,这主要是由于鱼体受伤导致水霉侵袭所致,故捕捞和运输时一定要小心细致,避免损伤鱼体。

六、常见鱼病的防治

(一)水霉病(肤霉病)

【病原和症状】 水生霉菌以水霉、绵霉等为常见。水霉寄生初期,肉眼看不出症状,肉眼可见时,水霉已从身体向外生长成棉毛状菌丝,它能分泌一种酵素分解鱼的组织,使病鱼组织坏死,同时鱼体负担过重,游动失常,食欲减退,最后瘦弱而死。水霉还会寄生于鱼卵,菌丝可穿过卵膜,呈辐射状,使鱼卵像一个白色绒球,造成鱼卵死亡。

【防治方法】 一是用生石灰清塘。二是在放养、捕捞、运输过程中,仔细操作,避免鱼体受伤。三是放养密度不要过大,放养时做好消毒工作,用1‰溴氰菊酯软膏或适量磺胺类药物软膏涂抹伤口,可有效预防本病的发生。四是用4～5毫克/升溴氰菊酯溶液浸洗成鱼,用2毫克/升浸洗幼鱼5分钟,注意时间要掌握好,不要太久,否则会引起幼鱼死亡。五是鱼卵用7毫克/升溴氰菊酯溶液浸洗约10分钟,连用2天,以后每天早、晚用80毫克/升溴氰菊酯溶液在鱼卵孵化架附近水面泼洒1次,直至孵化结束为止。六是先用5‰的食盐水浸洗病鱼5分钟,再向每100升食盐水中加入80万单位青霉素,用该溶液浸洗10分钟。

(二)溃疡病

【病原和症状】 病原为假单胞菌。病鱼皮肤发炎,严重时肌肉呈圆形腐烂,病鱼游动缓慢,失去平衡,不久即死亡。

【防治方法】 在鱼种进池或转池过程中避免鱼体受伤;用1克/米³漂白粉溶液全池遍洒。

(三)小瓜虫病(白点病)

【病原和症状】 病原为多子小瓜虫,多侵袭鱼的皮肤和鳃,尤以皮肤最为严重,大量寄生时可引起鱼大批死亡。小瓜虫侵入鱼的皮肤和鳃的上皮组织,以寄生的组织细胞作为营养,引起鱼体组织发炎,形成白色的囊泡。严重时,在皮肤和鳍上可见到许多白点状囊泡并覆盖着白色的黏液层,因此又称为白点病。在鳃上寄生时,除组织发炎外,还有出血现象,使鳃呈暗红色。

【防治方法】　放养前鱼池采用生石灰消毒,鱼种进池前应消毒,放养密度要适当,这样可防止小瓜虫病的传播。发病初期,用60～80毫克/升甲醛溶液浸泡病鱼 10～18 分钟,隔天再进行 1 次,换池饲养。鱼病暴发时,可用硝酸亚汞 2 毫克/升浸洗病鱼,或全池遍洒,遍洒浓度为 0.1～0.2 毫克/升。也可以用 0.2～0.4 毫克/升的溴氰菊酯溶液浸洗病鱼。

(四)车轮虫病

【病原和症状】　病原为车轮虫属和小车轮属寄生虫。根据鱼体上车轮虫的大小可将其分为 2 种:一种是大型车轮虫,虫体直径为 54～101 微米,主要侵袭鱼类的皮肤,病鱼离群独游,浮于水面缓慢游动,食欲减退,可引起大批死亡;另一类是小型车轮虫,虫体直径为 20～47 微米,主要侵袭鱼的鳃,本病在春秋季节较为流行,大量侵袭鳃瓣时,常成群聚集在鳃的边缘或鳃丝的缝隙里,破坏鳃组织,严重时使鳃组织腐烂,鳃丝软骨外露,严重影响鱼的呼吸功能,使鱼死亡。

【防治方法】　放养前用生石灰彻底清塘;每立方米水体用硫酸铜 0.5 克和硫酸亚铁 0.2 克全池泼洒;病鱼用 1％～2％食盐水浸浴 5 分钟;用 4～5 毫克/升硫酸铜溶液浸洗鱼体,注意根据水温把握浸洗时间。

(五)黏孢子虫病

【病原和症状】　病原为黏孢子虫。黏孢子虫会引起皮肤病、鳃病、肠道病以及内脏疾病,在皮肤上形成淡黄色、轮廓不明显的胞囊。鱼体消瘦发黑,鳃上形成灰白色点状或瘤状胞囊,使鱼呼吸困难;肠黏膜组织上有胞囊,甚至穿过肠壁;胆囊肿大,胆汁颜色变为淡黄色或无色,胆汁外溢,污染肝脏和肠道。一般以寄生在鳃、肠道的种类危害较大。

【防治方法】 用生石灰彻底清塘。注意水源、环境和生产工具的消毒。死鱼及时捞出,远离养殖场地掩埋。

(六)斜管虫病

【病原和症状】 引起这种疾病的病原体是鲤斜管虫。鲤斜管虫寄生在皮肤和鳃上,表皮组织因受刺激而分泌大量黏液,同时组织被破坏,严重影响鱼的呼吸功能,大量寄生时,会使鱼苗和亲鱼死亡。

【防治方法】 放养前用生石灰彻底清塘。用0.7毫克/升硫酸铜溶液全池泼洒,或用0.5毫克/升硫酸铜溶液和0.2毫克/升硫酸亚铁溶液混合全池泼洒。

(七)指环虫病

【病原和症状】 病原为指环虫。指环虫寄生于鳃瓣,钩住鳃丝,破坏鳃组织,刺激鳃细胞分泌过多黏液,妨碍鱼的呼吸。严重感染的病鱼,鳃部显著肿胀,鳃盖张开,鳃丝呈暗灰色,体色变黑,病鱼缓慢地离群独游,不摄食,逐渐瘦弱死亡。主要在夏秋季流行,发病率通常在80%以上,发病后期死亡率在50%以上,对网箱养殖的翘嘴红鲌危害严重。

【防治方法】 一是在鱼种放养前,可用20毫克/升高锰酸钾溶液浸洗15~30分钟,以杀死鱼体上寄生的指环虫。二是在发病时用0.2~0.3毫克/升晶体敌百虫溶液全池泼洒。

(八)三代虫病

【病原和症状】 病原体是三代虫。三代虫在成鱼、鱼苗、鱼种体上都可寄生,尤其对苗种危害很大。患有三代虫病的苗种,最初呈现极度不安,时而狂游于水中,或急速侧游于水下,企图摆脱寄生虫的骚扰;继而食欲不振,游动迟缓,鱼体瘦弱,终致死亡。

【防治方法】　放养前用生石灰彻底清塘。用90％晶体敌百虫泼洒,使水体浓度达到0.2～0.3毫克/升。也可用90％晶体敌百虫与面碱合剂(比例为1:0.6)泼洒,使水体浓度达到0.1～0.24毫克/升。

(九)腹 水 病

【病原和症状】　病原为迟钝爱德华氏菌。患有腹水病的鱼,腹部明显膨胀,体色近似灰白色,鱼体不能保持平衡,横卧或后部向上浮,不能在水面自由游动,在患病初期,一有声响鱼就潜入水底。后期病情加重,鱼腹露出水面,全身呈水肿状态。剖检腹部有大量腹水流出,腹水为略透明的浆液。

【防治方法】　可试用10毫克/升溴氰菊酯溶液全池泼洒,也可用氟哌酸和其他抗生素制成药饵投喂,每100千克鱼用药量为:第一天4克,第二至第六天减半使用,6天为1个疗程。

(十)感 冒

【病因和症状】　主要是由于水温急剧变化,使鱼体受到很大刺激,引起器官功能失调所致。发病鱼活动失常,甚至漂浮于水面,可造成鱼的死亡。

【防治方法】　将鱼从一水体转移到另一水体或池中换水时,要注意不要使温差超过3℃～5℃。

(十一)气 泡 病

【病因和症状】　本病主要发生在鱼苗阶段。发病原因是鱼苗误吞氧气或氮气过饱和时形成的小气泡。小气泡在鱼苗肠道中合为一个大气泡,从而使鱼体上浮,逐步失去下沉的控制力,最终力竭而死亡。另外,如果直接使用温泉水或地下水进行越冬,水中可能含有过饱和的氮气,氮气通过鳃向血液中扩散,使血液中的气体呈饱和状态,然后气体游离而形成气泡,从而使鱼苗呼吸频率加快,如不及时采取措施,会引起大批死亡。

【防治方法】 不要用过肥的水孵化和培育鱼苗,并避免阳光直射;鱼苗池中不施未经腐熟的粪肥,使用地下水时要充分曝气,使其中过饱和的气体快速扩散并与空气中的气体达到平衡。发病后要及时加注新水,有一定的效果。饲料要供应充足。发现鱼发生气泡病时,应立即向池中冲注新水或换水,或将患病个体移入清水中,并可用食盐化水全池泼洒,每立方米水体用 100 克。

(十二)干 瘦 病

【病因和症状】 本病主要发生在亲鱼和鱼种的越冬过程中,通常因越冬过程中鱼的放养密度较大、饲料不足,导致一部分鱼因得不到足够的饲料而发生干瘦甚至死亡。患本病的鱼身体消瘦,头大身小如"直升机"状,体色发黑,鳃丝苍白,呈贫血现象,游动迟钝,不久陆续死亡。

【防治方法】 掌握适当放养密度,加强投喂管理,使鱼吃饱吃好。

(十三)营养性疾病

【病因和症状】 病因是饲料中的营养素不足或者过量,饲料变质或者能量饲料不足等。常见的是翘嘴红鲌脂肪肝病、维生素缺乏症等。病鱼肝脏肿大,呈粉白色或黄色,胆囊肿大,胆汁发黑,胰脏色淡。病鱼慢慢死亡,且先死者为个体较大者。

【防治方法】 一是改进饲料配方,提高饲料质量。二是直接投喂冰鲜鱼糜或鱼块。三是直接投放适量的小活鱼、活虾。

(十四)肠 炎 病

【病原和症状】 病原为点状产气单胞杆菌。病鱼离群独游,食欲下降,行动迟缓,容易捕捉;体色泛黄,黏液增多;腹部常有红斑并胀大,手感柔软,肛门红肿,轻压腹部有血黄色黏液外流;肠道发炎,呈浅红色,肠内充满黄色脓液;肝脏有红色斑点状淤血。

【防治方法】　彻底清塘消毒,保持水质清新。活饵料用2%～3%食盐水消毒。加强饲养管理,坚持"四定"投喂。用 1 毫克/升漂白粉溶液全池泼洒。每 50 千克鱼用大蒜 250 克,与饲料拌和后投喂。投喂磺胺胍药饵,每 100 千克鱼用药量为:第一天 10 克,第二至第六天减半使用。也可投喂氟哌酸药饵,每 100 千克鱼用药量为:第一天 4 克,第二至第六天减半使用。

(十五)锚头蚤病

【病原和症状】　病原为鲤锚头蚤、多态锚头蚤。锚头蚤寄生在鱼体表,肉眼可见。当虫体长大后,虫体周围组织红肿、化脓、出血。发病初期,病鱼呈现急躁不安、食欲减退、游泳迟缓等现象,随之身体消瘦,甚至死亡。

【防治方法】　用生石灰清塘,采取轮养法预防。每 667 米^{2}用生石灰 100 千克和 25 千克茶饼带水清塘,可以杀灭幼虫和成虫。用 90%晶体敌百虫遍撒,使池水浓度达 0.3～0.4 毫克/升,效果较好。也可用 1 毫克/升灭虫灵溶液浸浴治疗,每日 1 次,连用 3 天。

(十六)中华蚤病

【病原和症状】　病原为大中华蚤、鲢中华蚤和鲤中华蚤。由于虫体及其长大的第二触角长期深插入鳃丝组织中,造成很大的伤口,并使细胞增生,影响了鱼的正常呼吸,使鱼在水中跳跃不安,食欲减退或不摄食。翘嘴红鲌的尾鳍上叶往往露出水面,故又有"翘尾巴病"之称。同时,这些伤口又为微生物的侵入打开了门户,引起鳃丝局部发炎、肿胀、颜色发白。中华蚤在摄食时,从口中分泌一种酶,能溶解寄主组织,以进行肠外消化,因而中华鲺寄生部位损伤的鳃丝表皮细胞松散,严重时鳃丝末端弯曲、变形。因此,病情严重或与其他疾病并发时,病鱼呼吸困难,不久后即会死亡。

【防治方法】 用生石灰清塘,杀灭水中幼虫。根据中华鲺对寄主有严格选择的特性,可采取轮养的办法进行预防。发病时可用 0.7 毫克/升硫酸铜溶液和硫酸亚铁溶液合剂(5:2)或 0.5 毫克/升晶体敌百虫溶液全池泼洒。

(十七)鲺 病

【病原和症状】 病原为日本鲺。病鱼的体表、鳍条、鳃等位置均可见到鱼鲺。病鱼极度不安,在水中狂游或乱窜,食欲减弱,一段时间后鱼体瘦弱。

【防治方法】 放养前用生石灰清塘,杀死水中鱼鲺的虫卵、幼虫、成虫。每 667 米^2 用樟树叶 15 千克,捣烂后连液带渣投入水中,可以杀灭鱼鲺。用 90% 晶体敌百虫遍撒,使水体浓度达到 0.3～0.5 毫克/升时效果很好。也可用灭虫灵治疗,每升水用药 1 毫升,每日 1 次,连用 3 天。

(十八)机械损伤

【病因和症状】 人工养殖的翘嘴红鲌在拉网、放养、搬运等各个生产过程中很容易受到压伤和损伤,有时鱼体受到强烈震动,还会导致神经系统麻痹。机械损伤主要表现在以下几方面。

(1)体表损伤 主要表现为皮肤擦伤、鳍条折断、鳍膜破裂等。由于鱼体失去这些天然屏障,抵抗能力下降,水中致病菌乘虚而入,易导致赤皮病、腐皮病发生。

(2)创伤和溃疡 主要因伤及皮肤深层而引起出血,进一步发展会使肌肉溃疡,打印病、腐皮病、水霉病随之发生。

(3)压伤 在鱼类捕捞、运输过程中由于操作不当,或容器中放置鱼体过多,致使部分鱼体受压过大,此时体表虽无明显症状,但其内部组织器官已受到损害,因此会发生萎缩坏死或变形,影响鱼体正常的生长发育。

(4)麻痹　鱼体受到强烈震动,如长途运输时经受长时间的颠簸可损伤鱼类神经系统,使鱼失去正常活动能力,呈麻痹状态,鱼体失去平衡,在水面侧卧。当这些刺激解除时,一般可恢复正常。

【防治方法】　鱼类所受机械损伤,绝大部分是人为造成的,所以在各个生产环节中要按技术操作规程进行,尽量减少捕捞、搬运次数,改进捕捞、运输工具和方法,切忌损伤鱼体,对已受伤的鱼体必须用药物消毒处理。

(十九)微囊藻引起的中毒

【病因和症状】　是由池塘中大量微囊藻产生的有毒物质而引起的鱼类中毒。这些藻类在盛夏和初秋气候炎热时,经常会在水面形成一层翠绿色的水花,称为湖靛。这些藻体死后,其蛋白质分解产生羟胺、硫化氢等有毒物质,在水中积累多了,就可引起鱼类中毒。微囊藻若生长在温度较高(28℃～32℃)、碱性较大(pH值8～9.5)的水中,繁殖最快,而这种水温正是翘嘴红鲌最适的生长温度,因此对翘嘴红鲌造成的中毒危害不可小视。当夜间水中溶氧量不足时,藻体大量死亡,从而导致水质恶化,引起鱼体中毒。中毒可导致鱼的中枢神经和末梢神经系统失灵,鲌鱼兴奋性增加,沿着池边急剧狂游,继而身体发生痉挛,接着躯体会失去平衡,最后不能摄食,力竭死亡。

【防治方法】　注意调节水质,经常加注新水,注意水体 pH 值变化,以控制微囊藻的繁殖。全池泼洒硫酸铜,使池水浓度达到0.7毫克/升,施药时间应选择在晴天上午进行。

(二十)甲藻引起的中毒

【病因和症状】 池水中甲藻大量繁殖,死后产生毒素(甲藻素),引起鱼类中毒死亡。多甲藻和裸甲藻都喜欢生长在含有机质多、硬度大、微碱性的池水中,以温暖季节发生较多。甲藻对环境改变非常敏感,当水温、pH值突然改变,均会引起藻类大量死亡,产生甲藻素,易使翘嘴红鲌中毒死亡。中毒初期,病鱼急躁不安,到处乱游,反应迟钝,然后病鱼向鱼池的背风浅水角落处集中。病鱼体表黏液增多,鳍条基部充血,最后身体失去平衡而死亡。

【防治方法】 全池泼洒硫酸铜,使池水浓度达到0.7毫克/升。发现危害鱼类的藻类大量繁殖时,应及时换水。

参考文献

[1] 北京市农林办公室.北京地区淡水养殖实用技术.北京：北京科学技术出版社,1992.

[2] 凌熙和.淡水健康养殖技术手册.北京：中国农业出版社,2001.

[3] 占家智,羊茜.施肥养鱼技术.北京：中国农业出版社,2002.

[4] 胡廷尖.翘嘴红鲌亲鱼培育与人工繁殖技术要点.河北渔业,2004(6)：31-34.

[5] 郭水荣,孙利荣,张伟燕,等.翘嘴红鲌大规格冬片鱼种培育试验.水产科技情报,2003(3)：117-118.

[6] 胡廷尖,周志明,章文敏.翘嘴红鲌的生物学特性及繁育技术.水利渔业,2003(1)：20-21.

[7] 刘飞,覃江凤.翘嘴红鲌的营养需求.饲料博览,2006(11)：36-38.

[8] 蒋国春,王惠平,叶青.翘嘴红鲌苗种培育和成鱼养殖技术.淡水渔业,2004(6)：53-54.

[9] 李国峰,范建平,王宁.沿海滩塘翘嘴红鲌养殖技术.水产养殖,2004(5)：25-26.

[10] 刘勃,蒋国春,沈芬华,等.翘嘴红鲌池塘饲养技术研究.水产科技情报,2002(3)：134-135.

[11] 柳富荣,何光武,李振,等.翘嘴红鲌苗种繁育及成鱼养殖试验初探.饲料广角,2006(5)：39-42.

[12] 陈建明,叶金云,王友慧,等.翘嘴红鲌幼鱼对蛋白质的需要量.水产学报,2005(1)：83-86.

[13] 刘勃,王惠平,蒋国春.翘嘴红鲌网箱人工繁殖技术.水产养殖,2004(1)：5-6.